本书出版特别感谢

齐晓波先生的大力支持和帮助

# 中国营口玉

王时麒　于　洸　王长秋　传秀云　周维卫　著

科学出版社
北京

图书在版编目（CIP）数据

中国营口玉 / 王时麒等著. —北京：科学出版社，2024.2

ISBN 978-7-03-041265-2

Ⅰ.①中… Ⅱ.①王… Ⅲ.①玉石－介绍－营口市 Ⅳ.①TS933.21

中国版本图书馆CIP数据核字（2014）第128433号

责任编辑：孙　莉 / 责任校对：宋玲玲

责任印制：肖　兴 / 书籍设计：北京美光设计制版有限公司

科学出版社 出版

北京东黄城根北街16号

邮政编码：100717

http://www.sciencep.com

北京汇瑞嘉合文化发展有限公司印刷

科学出版社发行　各地新华书店经销

*

2024年2月第　一　版　开本：889×1194　1/16

2024年2月第一次印刷　印张：10 3/4

字数：310 000

**定价：228.00元**

（如有印装质量问题，我社负责调换）

王长秋、王时麒、于洸、传秀云、周维卫（从左至右）

王时麒　教授　1961年毕业于北京大学地质学系，后留校任教至今。曾任地质学系岩矿教研室主任、矿床教研室主任和宝石教研室主任、北京大学宝石鉴定中心技术总监，兼任中国珠宝玉石首饰行业协会理事和玉石分会顾问及文化部文化市场艺术品评估委员会科技检测委员会主任。主要从事矿物学、岩石学、矿床学、地球化学和宝玉石学等领域的教学、科研和鉴定工作。近年来，对翡翠、和田玉、岫岩玉和古玉做了大量研究工作。主编出版有《中国岫岩玉》《内蒙古赤峰地区金矿地质》《中国大化玉》《中国战国红》《中国新疆和田玉（上、下两册）》等专著，发表学术论文50余篇。

于　洸　教授　1961年毕业于北京大学地质学系，后留校任教。先后讲授“同位素地质学”“分散元素地球化学”“结晶学与矿物学”等课程。曾任北京大学副校长、首都师范大学党委书记、中国地质学会常务理事。现任中国地质学会地质学史专业委员会副主任。从事地质学、地质学史、北京高等教育史等方面的研究，发表论文160多篇；主编《中外山川湖泊辞典》、《师德风采录》、《北京高等教育史》（上卷）（副主编）、《中国共产党北京高校历史纪事》（1919年～1949年1月）（副主编）；参编《中国地质学学科史》《中国岫岩玉》等著作。

王长秋　博士，副教授　国家注册珠宝玉石质检师，中国矿物岩石地球化学学会环境矿物学专业委员会委员，中国珠宝玉石首饰行业协会鉴定评估专业委员会委员。1989年毕业于北京大学地质学系，留校任教至今。从事矿物学、宝石学教学、科研和鉴定工作。主讲过结晶学及矿物学、宝石学、成因矿物学、珠宝鉴赏与珠宝文化等课程。研究范围涉及矿物学、宝玉石学、岩石学等，发表论文100余篇，主编《珠宝玉石学》《矿物学基础》教材。

传秀云　教授，博士生导师　2000年10月北京大学博士后出站后留校任教至今。曾是日本爱知工业大学、法国国家科研中心、德国伊尔门瑙工业大学、香港大学等的访问学者。2004年获中国矿物岩石地球化学学会颁发的“侯德封奖”。现为中国非金属矿工业协会石墨专业委员会专家组成员、中国仪表功能材料学会生态环境功能材料专业委员会副主任委员、中国矿物岩石地球化学学会工艺矿物学专业委员会委员、日本和美国碳素学会会员等。

周维卫　硕士　2009年毕业于中国地质大学（北京）珠宝学院宝石及材料工艺学专业，获学士学位；2012毕业于北京大学地球与空间科学学院，获硕士学位。从事材料及环境矿物学、宝石学研究。发表《营口蛇纹石玉红外发射功能及其影响因素》《营口蛇纹石玉负离子释放功能及机理探讨》等学术论文4篇。

# 营口市概况

营口市是辽宁省辖市，地处渤海之滨，辽东湾畔，西临渤海辽东湾，与葫芦岛隔海相望，西北与盘锦市隔辽河相依，东北与鞍山市毗连，东与丹东市接壤，南与大连市临界。中国八大水系之一的辽河从这里奔流入海。营口是中国东北第一个对外开埠的口岸、中国民族金融业的兴发之地，曾是东北的经济、金融、贸易、航运和宗教文化传播中心及各种物资的集散地，有“东方贸易总汇”和“关外上海”之称；现为环渤海经济圈以及东北亚地区最具发展竞争力的现代化港口城市，也是全国重点沿海开放城市，辽东湾中心城市及经济金融和现代服务业中心。市区距沈阳市151km，距大连市197km。

营口市位于辽东半岛中枢，地理位置优越，是东北腹地最近的出海通道，交通物流业发达；同时拥有港口、机场、高铁、高速公路、管道运输等多种交通运输模式，实现了海陆空立体型交通格局，是东北国际物流中心和东北区域交通物流枢纽城市之一。国家级港营口港（老港）和鲅鱼圈新港，已对外籍船舶开放，年吞吐能力1500万t，为中国十大港口之一。2008年经海关总署、财政部、国家税务总局、国家外汇管理局联合批准设立营口港保税物流中心（B型）。2010年商务部正式确立营口市为全国流通领域现代化物流示范市。2012年交通运输部批准营口市为全国第三批甩挂运输试点城市。

营口港

营口旅游胜地鲅鱼圈—山海广场

营口市现辖四个行政区、一个新区及两个县级市：鲅鱼圈区、站前区、西市区、老边区、沿海新区、大石桥市、盖州市。全市面积5402km$^2$，户籍人口235.45万，有汉族、满族、回族、朝鲜族、蒙古族等40个民族。

营口市地形由东南向西北逐渐倾斜，自然形成东部山区、中部丘陵、西部平原的地貌特征。东部山区为长白山系千山山脉的一部分，共有大小山峰2800余座，其中步云山、绵羊顶子山、老轿顶、黄花排为海拔千米以上的四大高峰；丘陵地带海拔50～200m；平原地带海拔10m以下。最高峰步云山，海拔1130.7m，最低处为大石桥市石佛镇丝瓜秧河滩地，海拔1.2m。营口市地处中纬度，辽东半岛西北端，属温带大陆性季风气候。这里四季分明，气候宜人，雨热同季，降水适中，光照充足。年平均气温为7～9.5℃，年降水量为670～800mm。

营口市资源和物产丰富，已探明金属和非金属矿藏39种，其中菱镁矿储量居世界首位；滑石、硼矿储量在国内位居前列；花岗岩、大理石、长石、萤石等十分丰富。近年来，素有“中国镁都”之称的大石桥市又发现储量丰富的营口蛇纹石玉矿。营口玉一经开采，便以其玉矿石块体硕大而惊艳中国宝玉石界。营口仙峰玉石矿有限公司于2009年开采的重2065t的巨大玉石块体已经上海大世界基尼斯总部认证为中国最大单体蛇纹玉石原石。同时营口近靠辽河油田，其近海和地下蕴藏有丰富的油气资源。营口东部山区林木资源丰富，树木种类繁多，其中乔木170多种，草本植物有数百种，植物中的药材资源多达700多种。营口海洋资源开发潜力巨大，全市海岸线长122km，管辖海域面积1185km$^2$，其中滩涂面积132km$^2$，浅海面积1053km$^2$。全市有深水岸线近20km，占辽宁省宜港岸线的5%。各类水产品80多种，近海有海洋生物400多种，以盛产海蜇和东方对虾著名。营口盐场年产海盐80多万t。营口农业以水稻、水果和水产品为主，素有“三水”之乡美誉，其中年产优质水稻40万t，水果27万t。大石桥市是全国商品粮生产基地，盖州市是全国苹果生产基地。同时营口地区还是蚕茧重点生产区。

营口是一个旅游胜地，具有历史悠久的人文景观和独具特点的自然景观。山、海、泉、林、河交相辉映。境内山川秀丽，历史悠久，名胜古迹较多，有举世闻名的金牛山旧石器时代猿人洞穴遗址、“东北四大禅林”之首楞严禅寺、清末东北重要海防要塞营口西炮台、辽东名山赤山和望儿山等。熊岳温泉、思拉堡温泉及北海、月牙湾等海滨浴场更是旅游休闲的好去处。

以“河清海晏、开放包容、诚信和谐、务实创新”为城市精神的营口市，近年来经济社会发展迅速，其经济总量及其他主要经济指标连年稳居辽宁各市之前列。

# 前言

中华玉文化之所以源远流长并经久不衰，一个重要原因是玉石类型和玉石资源比较丰富。据考古资料，在近万年的中华玉文化历史长河中，玉料使用最多的类型有两种，一是以新疆和田玉为代表的透闪石质玉；二是以辽宁岫玉为代表的蛇纹石质玉。目前国内正在开采的蛇纹石质玉矿，主要有辽宁的岫玉、广东的信宜玉、甘肃的酒泉玉和武山玉、新疆的昆仑玉、陕西的蓝田玉、河南的鲁山玉、山东的泰山玉等。这些蛇纹石质玉矿，有的矿山经过多年大规模开采，资源存量迅速下降；有的矿山优质资源走向枯竭，保有资源质量不好，市场效益欠佳……这些都是摆在玉产业发展面前的新课题。

近年来，蛇纹石质玉矿有了一个新成员，即辽宁营口玉。对辽宁营口玉的认识有一个过程。辽宁省营口市后仙峪硼矿（501矿）是我国一个规模较大的著名硼矿，1961年建矿，在开采硼矿的过程中，蛇纹石质岩石作为硼矿的一种蚀变围岩堆放在废石堆中。从1996年开始，岫岩县搞玉雕的一些人陆陆续续地到501矿来，在废石堆中拣出一些零星的蛇纹石质岩石，回去雕刻。尔后，矿山也陆续卖出一些此类所谓“废石”，时称“假玉”。一度也曾少量进行过开采。这些玉石的雕件在投放岫岩玉石市场后，其玉石被称为“501矿（玉）”。近些年来，该玉石引起了一些学者和玉石经营者的注意，并对其进行了一些初步研究。2006年起有两篇文章发表，一篇是沈阳地质矿产研究所郦志波、时建民与中华古典玉器作品研究中心李世波写的《辽宁后仙峪蛇纹石玉地质特征及开发前景初探》，2006年发表于《地质与资源》第15卷第4期；一篇是北京大学王时麒、中国地质大学（北京）员雪梅与李世波写的《辽宁富铁蛇纹石玉的宝石学特征及开发利用》，2007年发表于《宝石和宝石学杂志》第9卷第4期。这两篇文章，在2009年底，引起了大石桥市有关领导的高度注意和重视，指示营口仙峰玉石矿有限公司（原名营口兴东硼矿有限公司）抓好该玉石矿的开发利用。接着，大石桥市领导召开了有关专家的座谈会，论证了营口玉的开发前景。尔后，营口仙峰玉石矿有限公司于2010年初委托北京大学地球与空间科学学院对该玉矿进行研究，以推动营口玉的开发利用。

随后，在学校和学院领导的大力支持下，很快组成了营口玉课题研究组，对营口玉开展了系统的研究工作。

该项研究综合运用地质学、宝玉石学和市场经济学等学科的理论和方法，历时两年多，对玉石矿山的地质情况、玉石的开采和加工等进行了全面深入的调查和研究，在室内对玉石进行了系统的测试和分析，取得了丰硕的成果。

在营口玉的物质组成与宝玉石学特征研究方面，运用偏光显微镜、电子显微镜、电子探针、红外光谱、X射线衍射分析、X射线荧光光谱等现代技术，系统查明了营口玉的矿物组成、化学成分、结构构造特征和各种物理性质，划分了营口玉的自然类型，探讨了颜色和透明度变化的控制因素和形成机理。

在营口玉矿床地质特征和成因研究方面，通过野外现场考察，全面查阅和分析前人对硼矿的勘查和研究资料，并通过稳定同位素分析、稀土元素分析、成矿温度测定等，阐明了营口玉的产出特征、成矿背景和控矿条件、成矿物质来源，确定了玉矿的成因类型，建立了营口玉的成矿模式。

在营口玉的质量评价研究方面，根据营口玉的系统研究成果，参照其他宝玉石的质量评价经验，阐述了营口玉的质量评价要素，提出了营口玉的分级标准，初步建立起营口玉的质量评价体系。

在营口玉保健功能的研究方面，通过各种大型仪器的测试分析，查明了营口玉的放射性元素含量、微量元素含量、红外辐射指数、负离子发生指数等与人体健康有关的各种物理和化学特性和指标，初步探讨了营口玉对人体的保健功能，为开拓营口玉市场特别是保健产品提供了科学依据。

在营口玉产业发展的战略研究方面，运用现代市场经济学的理论和方法，在全面分析我国蛇纹石玉市场发展现状和趋势、经验和教训及预测未来前景的基础上，根据营口玉本身的性质、特色和已有玉雕产品上市的经验，从多角度多方面提出了营口玉今后发展的战略方向和具体对策。

本书即在上述一系列调查研究的基础上撰写而成。全书共分六章，第一章由王长秋撰写，第二章、第三章由王时麒撰写，第四章由周维卫、传秀云撰写，第五章、第六章由于洸撰写，各章撰写完成后交换阅读，修改讨论，最后由王时麒统稿审阅修改。

在调查研究过程中，我们得到有关方面的大力支持：大石桥市领导召开有关专家和工艺美术大师的座谈会，在现场考察的基础上，就营口玉的开发问题听取意见；营口仙峰玉石矿有限公司为课题研究组的现场调查提供了良好的条件；原营口国土资源局孔繁华高级工程师在学术方面提供了很多宝贵意见；岫岩满族自治县副县长王岩良在如何开发利用营口玉方面提供了许多宝贵意见；岫岩中华古典玉器研究所李世波所长、玉雕大师刘忠山等提供了许多玉雕精品照片及说明；鞍山市记者王兰在我们工作的许多方面提出了宝贵意见，特别是在本书的出版方面给予了很大的支持和帮助。在此，我们表示衷心的感谢。

研究过程中的各项测试，主要由北京大学地球空间科学学院有关实验室的舒桂明、赵印香、李建、贾秋月、倪德宝、古丽冰、黄宝玲、杨斌、马芳，平房玉器厂王金兰，中国地质大学（北京）王南萍、孙红英，天津大学袁兵等帮助完成。耿金达、吴晓英、杨锋帮助拍摄了许多照片，高林帮助绘制了部分图片。对他们的辛勤工作，我们深表谢意。

感谢北京航空航天大学陈汴琨教授帮助测定样品的负离子释放量，并亲自修改有关营口玉负离子释放性能一节。感谢中国珠宝玉石首饰行业协会资深专家栾秉璈教授和中国地质大学（北京）的何雪梅教授审阅书稿，并提出了宝贵的修改意见。

由于作者水平有限，书中的缺点和错误在所难免，我们希望并欢迎广大读者批评指正。

# 目录

# CONTENTS

# 第一章

# 营口玉的物质组成及其特征

# 第一节　营口玉的分类及其特征

根据外观特征和矿物组成，辽宁省营口市大石桥市后仙峪硼矿区产出的蛇纹石玉，特称营口玉，可划分为4个类型。翠绿色质地细腻均匀者，称翠绿玉（样品编号A）；墨绿色质地细腻均匀者，称墨绿玉（编号B）；墨绿－青灰色质地略粗者，称青铜玉（编号C）；绿色和白色呈花斑状者，称云翠玉（编号D）。

翠绿玉（照片1-1）：翠绿色，质地细腻，均匀。显微镜下观察呈显微片状、纤维状交织结构，致密块状构造。主要组成矿物为蛇纹石，含量95%以上。蛇纹石有两期，早期者为片状、纤维状交织在一起，晚期蛇纹石呈细脉状。次要矿物为白云石、菱镁矿，呈孤岛状分布，并可见交代残余港湾状结构。副矿物主要是磷灰石、钛铁矿、黄铁矿等。偶见方解石脉穿插。

墨绿玉（照片1-2）：墨绿色，质地细腻、均匀，呈片状、纤维状交织结构，致密块状构造。矿物组成与翠绿玉基本相同，主要组成矿物为蛇纹石，含量95%以上。蛇纹石有两期，早期者为片状、纤维状交织在一起，晚期蛇纹石呈细脉状。次要矿物为白云石，个别地方也见绿泥石、滑石。白云石也有两期，早期呈孤岛状分布，并可见交代残余港湾状结构，晚期呈细脉状，脉中有细小的方解石。副矿物主要是磷灰石、钛铁矿、黄铁矿、闪锌矿等。

照片1-1　翠绿玉（A）标本和雕件

照片1-2　墨绿玉（B）标本和雕件

照片1-3　青铜玉（C）标本和雕件

青铜玉（照片1-3）：青灰、黑绿等色，整体较均匀，质地不如前两类细腻，显微粒状鳞片变晶结构，致密块状构造，也见花纹状、浸染状和“毛毡”状构造。主要组成矿物为蛇纹石、橄榄石，次要矿物为白云石、斜硅镁石、滑石、硼镁铁矿、水镁石、金云母等，偶见少量方解石、透辉石，并含微量金属矿物，包括磁铁矿、磁黄铁矿、黄铜矿、闪锌矿等，副矿物有磷灰石、钛铁矿等。

云翠玉（照片1-4）：绿白色不规则、花斑状分布，质地细腻，显微片状－纤维状－粒状变晶结构，致密块状构造。主要组成矿物蛇纹石，占65%～95%，白云石和菱镁矿占5%～25%；次要矿物有橄榄石、绿泥石、硼镁石、金云母、硼镁铁矿、滑石。橄榄石多呈孤岛状分布。副矿物有磁铁矿、磷灰石等。

照片1-4　云翠玉（D）标本和雕件

# 第二节　营口玉的矿物学特征

对代表性的营口玉样品进行系统的偏光显微镜、电子探针、粉晶X射线衍射、红外光谱等测试分析，查明了各类型营口玉的组成矿物及其成分特征。

## 一、粉晶X射线衍射

挑选10件典型样品进行了粉晶X射线衍射分析，实验在北京大学造山带及地壳演化教育部重点实验室的一台XPert Pro MPD型号X射线衍射仪上进行。实验条件为：Cu靶Kα，管流40mA，管压40kV，连续扫描，步长0.017°，扫描范围5°～70°。分析结果见图1-1和表1-1。

分析结果表明，翠绿玉主要物相为叶蛇纹石，占90%以上，含少量利蛇纹石以及微量白云石。墨绿玉主要物相仍为叶蛇纹石，但其中含相当量的利蛇纹石，利蛇纹石和叶蛇纹石含量基本各半，其他微量物相有白云石，偶见蛭石。青铜玉组成复杂，检出物相对较多，且变化较大，蛇纹石含量在44%以上，均含利蛇纹石，有的以斜纤蛇纹石为主，有的则以叶蛇纹石为主。其他主要矿物为橄榄石，含量约在20%～35%，有的样品含高于20%的斜硅镁石。其他次要物相有水镁石、白云石、方解石、透辉石，偶见微量的蛭石、磁黄铁矿等。云翠玉样品物相组成也较复杂，蛇纹石为主要物相，占60%以上，其中以叶蛇纹石为主，有的含一定量的利蛇纹石。菱镁矿是该类样品普遍存在的物相，含量不等，为1%～30%。其他物相有硼镁石、斜绿泥石、滑石、白云石、镁铁矿等。

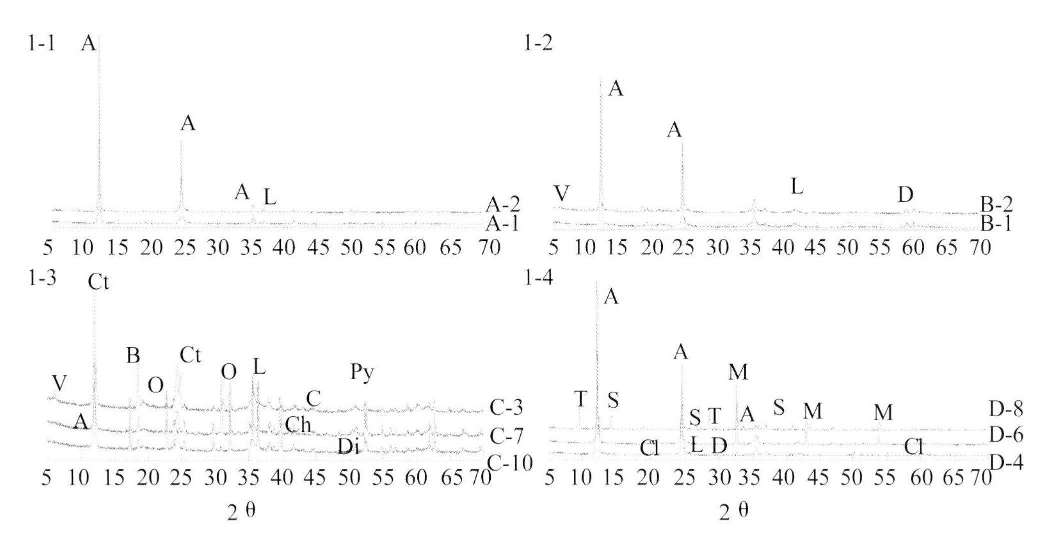


图1-1　样品X射线衍射图谱

A. 叶蛇纹石　B. 水镁石　C. 方解石　Ch. 斜硅镁石　Cl. 斜绿泥石　Ct. 斜纤蛇纹石
D. 白云石　Di. 透辉石　L. 利蛇纹石　M. 菱镁矿　O. 橄榄石　Py. 磁黄铁矿　S. 硼镁石
T. 滑石　V. 蛭石

**表1-1　营口玉样品矿物组成的X射线衍射分析结果**

| 样号 | 矿物相组成及百分含量计算 |
|---|---|
| A-1 | 叶蛇纹石94%　利蛇纹石6% |
| A-2 | 叶蛇纹石97%　利蛇纹石2%　白云石1% |
| B-1 | 叶蛇纹石59%　利蛇纹石40%　白云石- |
| B-2 | 叶蛇纹石58%　利蛇纹石41%　白云石-　蛭石- |
| C-3 | 斜纤蛇纹石48%　利蛇纹石22%　橄榄石19%　水镁石7%　方解石3%　蛭石1% |
| C-7 | 叶蛇纹石30%　利蛇纹石14%　橄榄石24%　斜硅镁石25%　白云石4%　水镁石3% |
| C-10 | 斜纤蛇纹石40%　利蛇纹石12%　橄榄石36%　透辉石2%<br>水镁石2%　磁黄铁矿3%　碳质5% |
| D-4 | 叶蛇纹石85%　斜绿泥石13%　菱镁矿1%　白云石- |
| D-6 | 叶蛇纹石48%　利蛇纹石27%　菱镁矿23%　镁铁矿2% |
| D-8 | 蛇纹石60%　菱镁矿30%　硼镁石5%　滑石5%　斜绿泥石- |

-代表痕量

## 二、红外光谱分析

红外光谱实验采用PE983G型红外分光光度计，在20℃、40% RH条件下测试了10件样品，电压220～240V，频率50～60Hz，功率250W，扫描范围4000～180cm$^{-1}$。

样品的振动基团主要来自蛇纹石、碳酸盐、橄榄石和硼镁石，见图1-2。蛇纹石的振动基团主要有3675cm$^{-1}$ OH伸缩振动；1080cm$^{-1}$±、980cm$^{-1}$ Si-O伸缩振动；610cm$^{-1}$ OH摆动和560cm$^{-1}$ Mg-O面外弯曲振动。翠绿玉样品表现为蛇纹石的红外吸

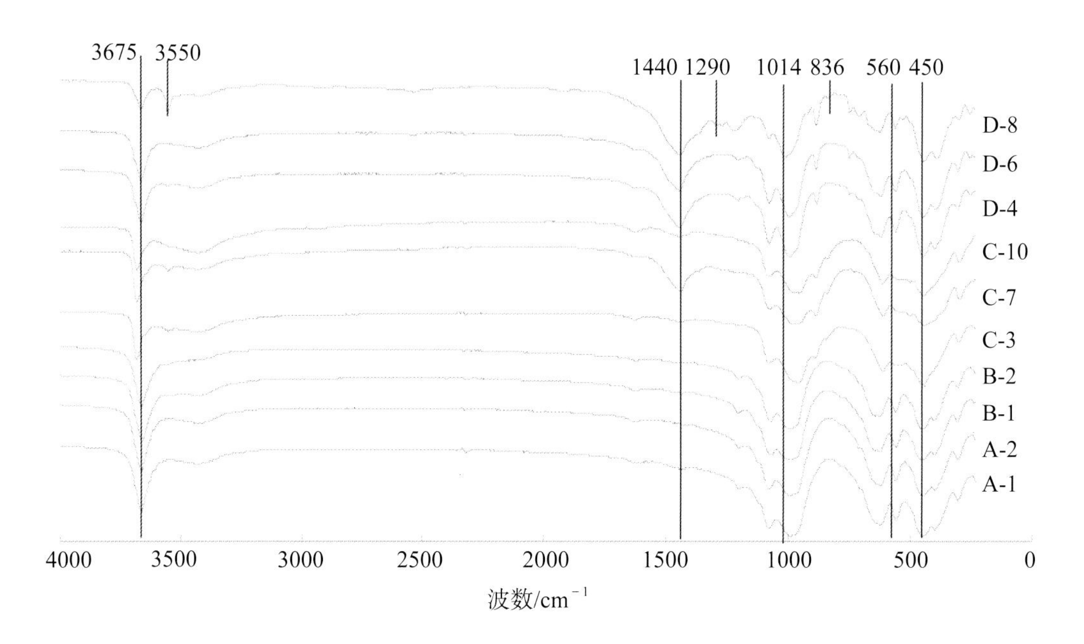


图1-2　样品的红外光谱

收振动。1440cm$^{-1}$±和750cm$^{-1}$±是碳酸盐的特征吸收峰，墨绿玉除了蛇纹石吸收振动外有较弱的碳酸盐吸收峰（图1-2）。橄榄石的红外光谱主要表现在[$SiO_4$]基团内振动，特征峰是890cm$^{-1}$、610cm$^{-1}$，青铜玉样品的振动基团主要来自蛇纹石和橄榄石。云翠玉样品主要表现为蛇纹石和碳酸盐的红外吸收振动，其中D-8样品红外吸收范围广是由于含有硼镁石，硼镁石中$BO_3^{3-}$和$BO_4^{5-}$红外活性振动有3550cm$^{-1}$、1290cm$^{-1}$、1269cm$^{-1}$、1014cm$^{-1}$、836cm$^{-1}$和709cm$^{-1}$吸收峰（闻辂等，1989）。

## 三、电子探针分析

对A、B、C、D四类玉石的主要矿物相进行了电子探针分析。数据测试在北京大学造山带与地壳演化教育部重点实验室的JXA-8100型电子探针上进行，分析条件为加速电压15kV，电子流$1\times10^{-8}$A，束斑为1μm，标准样品采用美国SPI公司53种标准矿物化学成分。

蛇纹石是各类型玉石的主要组成矿物，而青铜玉中主要组成矿物还有橄榄石、斜硅镁石。次要矿物有白云石、菱镁矿、绿泥石、金云母、硼镁石、硼镁铁矿、滑石、磁（褐）铁矿、黄铁矿等，其他副矿物可见磷灰石、锆石、闪锌矿、磁黄铁矿等。

### （一）蛇纹石 $Mg_6[Si_4O_{10}](OH)_8$

四类玉石的主要物相蛇纹石的探针分析结果列于表1-2。镜下观察，在A、B类玉石中，蛇纹石有三种形态，即叶片状、纤维状和微细鳞片状（照片1-5、1-6、1-7）。早期蛇纹石呈鳞片状或纤维状交织生长，晚期蛇纹石则以细脉状穿插其

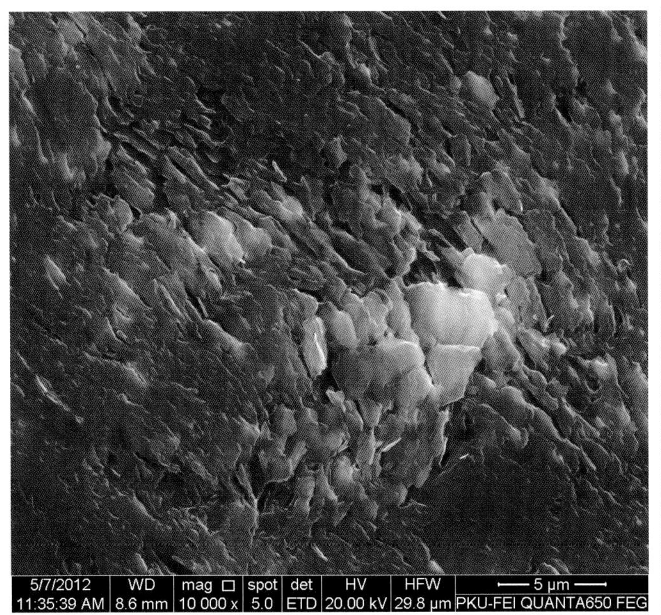


照片1-5　片状蛇纹石二次电子像（SEI）

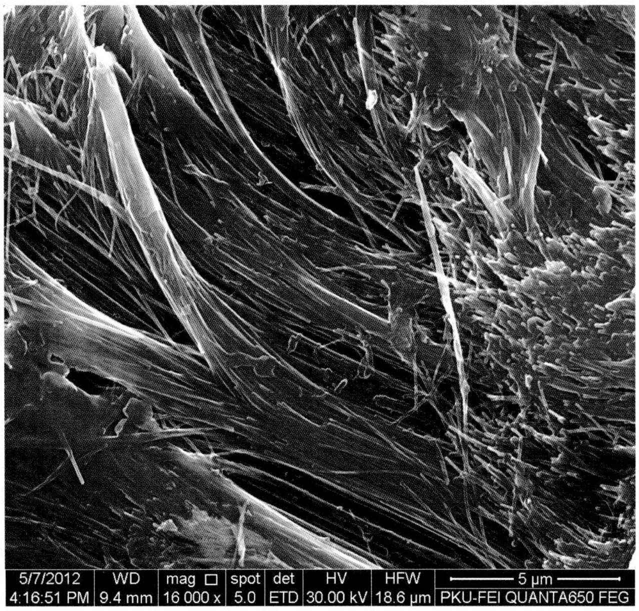

照片1-6　纤维状蛇纹石二次电子像（SEI）

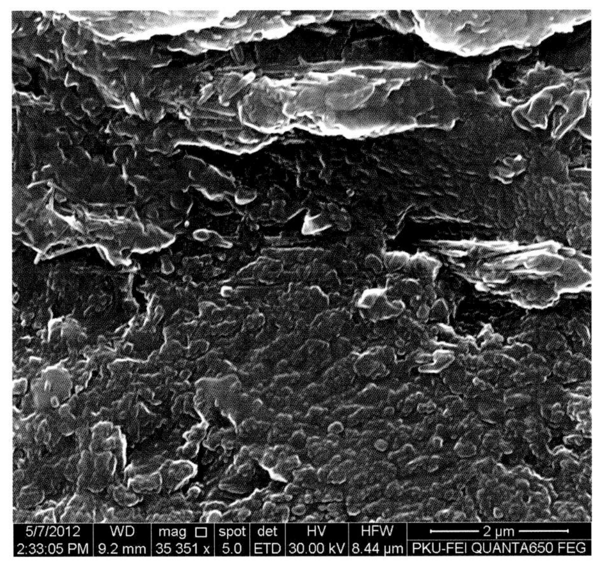


照片1-7　鳞片状蛇纹石二次电子像（SEI）

照片1-8　脉状蛇纹石背散射电子像（BSE）

中（照片1-8）。相对于早期蛇纹石，脉状者以相对富Mg而贫Si、Fe为特征（样品D-1）。早期蛇纹石整体成分变化不大，$SiO_2$在41.24%～45.86%，MgO在38.10%～44.88%，FeO在1.13%～4.41%，各类没有明显的规律性差异。晚期的蛇纹石由于含水量多，分析总量偏低（82%～84%）。其$SiO_2$在39.32%～43.00%，MgO在38.63%～42.03%，FeO在1.17%～3.63%，各类没有明显差异。

表1-2　营口玉中蛇纹石的化学成分　　（单位：%）

| 样号 | $SiO_2$ | $TiO_2$ | $Al_2O_3$ | FeO | $Cr_2O_3$ | MnO | MgO | CaO | NiO | $Na_2O$ | $K_2O$ | Total |
|---|---|---|---|---|---|---|---|---|---|---|---|---|
| A-1 | 44.79 | | 0.15 | 3.74 | 0.01 | 0.07 | 38.63 | 0.04 | 0.01 | 0.04 | 0.01 | 87.48 |
| | 44.86 | | 0.13 | 3.65 | | 0.07 | 39.02 | 0.02 | 0.01 | | | 87.75 |
| A-2 | 44.52 | | | 4.41 | 0.05 | 0.05 | 38.47 | | | | | 87.50 |
| | 44.52 | 0.06 | 0.01 | 3.14 | | | 39.55 | 0.01 | 0.02 | | 0.02 | 87.32 |
| | 44.42 | | 0.02 | 4.16 | 0.01 | 0.06 | 39.46 | | 0.03 | 0.01 | 0.02 | 88.18 |
| A-3 | 44.11 | | 0.12 | 3.38 | 0.02 | 0.04 | 39.57 | 0.01 | 0.03 | 0.03 | 0.05 | 87.35 |
| | 44.29 | | 0.28 | 3.29 | 0.02 | 0.07 | 39.36 | 0.01 | | 0.02 | 0.01 | 87.34 |
| A-4 | 44.40 | | 0.39 | 2.82 | 0.03 | 0.01 | 38.93 | 0.01 | 0.05 | 0.01 | | 86.64 |
| | 44.87 | | 0.18 | 3.08 | 0.02 | 0.04 | 40.15 | 0.01 | | | | 88.35 |
| | 44.21 | 0.06 | 0.21 | 3.13 | 0.01 | 0.09 | 39.53 | | | 0.02 | 0.04 | 87.31 |
| B-1 | 44.62 | 0.03 | 0.54 | 2.65 | | 0.06 | 40.02 | | 0.03 | | | 87.95 |
| | 43.65 | 0.01 | 1.17 | 3.26 | 0.00 | 0.06 | 39.85 | 0.03 | 0.04 | | | 88.07 |
| | 43.78 | 0.01 | 1.01 | 3.04 | 0.03 | 0.07 | 39.74 | | 0.05 | | | 87.74 |
| B-2 | 43.07 | 0.03 | 1.55 | 3.19 | | 0.12 | 39.19 | | | 0.01 | 0.03 | 87.19 |
| | 41.99 | | 3.10 | 3.30 | | 0.11 | 39.08 | 0.14 | | 0.12 | 0.03 | 87.86 |
| | 42.56 | 0.04 | 2.55 | 3.36 | 0.05 | 0.03 | 39.24 | | 0.02 | 0.01 | | 87.87 |
| B-3 | 43.86 | 0.06 | 0.31 | 2.01 | 0.04 | 0.00 | 40.55 | 0.01 | 0.01 | | 0.03 | 86.88 |
| | 44.07 | 0.06 | 0.63 | 2.21 | | 0.03 | 40.47 | | 0.03 | 0.45 | 0.17 | 88.13 |
| | 43.75 | | 0.65 | 2.27 | 0.02 | | 40.27 | 0.03 | 0.02 | 0.39 | 0.08 | 87.47 |
| B-4 | 44.73 | | 0.22 | 3.46 | | 0.06 | 39.87 | | 0.03 | 0.01 | | 88.37 |
| C-2 | 39.96 | | 0.17 | 3.21 | 0.05 | 0.08 | 40.33 | 0.04 | 0.03 | 0.09 | 0.04 | 83.99 |
| | 41.32 | 0.01 | 0.22 | 3.07 | 0.05 | 0.03 | 40.16 | 0.04 | 0.04 | 0.03 | 0.04 | 85.00 |
| C-4 | 43.66 | 0.05 | 1.29 | 1.83 | 0.02 | 0.01 | 39.45 | 0.01 | | | | 86.32 |
| | 41.60 | 0.03 | 0.54 | 1.89 | 0.37 | 0.02 | 39.92 | 0.04 | | | 0.03 | 84.44 |
| | 45.86 | | 0.26 | 1.84 | | | 39.88 | 0.01 | | 0.03 | 0.01 | 87.89 |
| | 42.33 | | 0.18 | 2.55 | 0.09 | | 40.31 | | 0.06 | 0.11 | 0.02 | 85.64 |
| | 43.80 | 0.01 | 1.93 | 2.30 | | 0.06 | 38.77 | | | 0.02 | | 86.90 |
| C-5 | 42.98 | | 1.51 | 1.93 | 0.00 | 0.06 | 39.94 | 0.03 | 0.05 | 0.01 | 0.02 | 86.52 |
| | 42.53 | 0.03 | 1.25 | 1.92 | 0.05 | 0.06 | 40.23 | 0.01 | 0.01 | 0.08 | | 86.18 |
| C-6 | 42.11 | | 0.06 | 2.08 | 0.02 | 0.02 | 40.62 | 0.01 | 0.01 | 0.06 | | 84.99 |
| | 43.00 | 0.04 | 0.67 | 1.59 | 0.02 | 0.07 | 38.63 | | 0.04 | | | 84.06 |
| | 40.89 | | 0.15 | 1.17 | | 0.06 | 40.14 | 0.02 | | | 0.01 | 82.45 |
| | 42.52 | | 0.93 | 2.06 | | 0.06 | 39.48 | 0.01 | | | | 85.07 |
| C-7 | 41.24 | 0.01 | 0.06 | 2.92 | 0.04 | 0.06 | 40.33 | | 0.03 | 0.09 | 0.01 | 84.79 |
| | 41.39 | 0.01 | 0.13 | 2.58 | 0.05 | 0.04 | 40.55 | 0.02 | 0.06 | 0.05 | | 84.88 |
| C-8 | 42.20 | | | 2.48 | | 0.10 | 44.88 | 0.03 | 0.05 | 0.05 | 0.02 | 89.81 |
| | 42.61 | 0.04 | 1.39 | 2.47 | | 0.07 | 38.72 | | 0.07 | | | 85.37 |

续表

| 样号 | $SiO_2$ | $TiO_2$ | $Al_2O_3$ | FeO | $Cr_2O_3$ | MnO | MgO | CaO | NiO | $Na_2O$ | $K_2O$ | Total |
|---|---|---|---|---|---|---|---|---|---|---|---|---|
| C-10 | 42.80 | | 1.25 | 2.04 | | 0.04 | 39.54 | 0.02 | 0.02 | 0.07 | 0.02 | 85.81 |
| | 39.32 | | 0.04 | 3.63 | | 0.11 | 39.51 | | 0.07 | 0.04 | 0.03 | 82.75 |
| C-11 | 43.09 | 0.04 | 1.19 | 2.39 | 0.01 | 0.01 | 39.79 | | | 0.02 | 0.02 | 86.56 |
| | 42.66 | | 0.01 | 1.27 | 0.06 | 0.04 | 41.36 | | 0.05 | | 0.01 | 85.45 |
| C-13 | 39.44 | 0.05 | 0.01 | 1.95 | 0.07 | 0.06 | 41.46 | 0.03 | | 0.09 | 0.04 | 83.19 |
| | 40.13 | 0.01 | 0.01 | 1.73 | | 0.06 | 42.03 | 0.03 | 0.02 | 0.09 | | 84.10 |
| | 43.46 | | 0.66 | 2.18 | | 0.02 | 38.10 | | 0.07 | 0.06 | 0.01 | 84.56 |
| | 43.67 | 0.02 | 0.19 | 1.98 | 0.06 | 0.01 | 39.45 | | | | | 85.38 |
| C-14 | 43.69 | | 0.54 | 2.65 | 0.02 | | 38.75 | 0.02 | | 0.06 | 0.04 | 85.77 |
| | 42.16 | 0.06 | 1.73 | 2.84 | 0.03 | | 38.82 | | 0.01 | | 0.01 | 85.65 |
| | 43.49 | | 0.25 | 2.78 | 0.01 | 0.04 | 38.57 | | | 0.10 | | 85.23 |
| D-1 | 41.86 | | | 1.13 | 0.04 | 0.02 | 41.80 | 0.02 | 0.03 | 0.05 | 0.05 | 84.99 |
| D-2 | 43.84 | | 0.25 | 2.17 | | 0.04 | 39.49 | 0.01 | 0.07 | 0.06 | 0.03 | 85.96 |
| | 44.21 | | 0.15 | 1.76 | 0.03 | 0.01 | 39.73 | 0.03 | | 0.09 | 0.03 | 86.04 |
| | 43.88 | 0.06 | 0.51 | 2.22 | 0.03 | | 39.25 | 0.02 | 0.04 | 0.17 | 0.06 | 86.23 |
| D-3 | 44.00 | | 0.64 | 3.67 | | 0.08 | 38.75 | | 0.02 | 0.07 | 0.01 | 87.22 |
| | 43.24 | 0.05 | 1.10 | 3.78 | | 0.04 | 39.43 | 0.03 | | 0.01 | 0.03 | 87.71 |
| D-4 | 43.80 | 0.01 | 0.92 | 1.94 | | 0.07 | 39.64 | | | 0.08 | 0.03 | 86.48 |
| D-5 | 42.74 | 0.10 | 1.60 | 2.25 | 0.03 | 0.04 | 39.04 | 0.03 | | 0.03 | | 85.86 |
| | 44.01 | 0.06 | 0.81 | 2.03 | | 0.01 | 39.17 | | 0.04 | 0.01 | 0.02 | 86.15 |
| | 44.53 | | 0.06 | 1.75 | | 0.06 | 39.38 | | | | 0.01 | 85.78 |
| D-6 | 43.39 | 0.06 | 0.95 | 2.13 | 0.06 | 0.03 | 38.93 | | 0.02 | 0.01 | 0.01 | 85.58 |
| | 43.82 | 0.02 | 0.12 | 1.68 | | 0.03 | 39.15 | 0.04 | | 0.01 | | 84.87 |
| D-7 | 43.62 | | 0.32 | 1.93 | | 0.01 | 39.25 | 0.01 | | 0.02 | 0.01 | 85.17 |
| | 44.86 | | 0.23 | 2.05 | 0.01 | 0.01 | 38.72 | 0.02 | | | | 85.90 |

### （二）橄榄石$(Mg, Fe)_2[SiO_4]$

橄榄石是C类青铜玉的主要组成矿物之一，在D类云翠玉的个别样品中也有分布。呈不规则粒状产出，单偏光下无色，高正突起，糙面明显，不规则裂纹发育；正交偏光下呈鲜艳的II级～III级高干涉色。粒度约为0.1～1mm，沿颗粒边缘和内部裂纹处普遍发育蛇纹石交代（照片1-9），使之呈残留的碎粒状，有时为孤岛状，但保留着一致的消光方位。橄榄石与斜硅镁石紧密共存，为橄榄石颗粒局部被斜硅镁石交代，两者共存于一个颗粒上，在偏光显微镜下难以分辨，但由于斜硅镁石成分中镁含量更高且含水，在电子探针的BSE图像上有明显的灰度差别（照片1-10）。

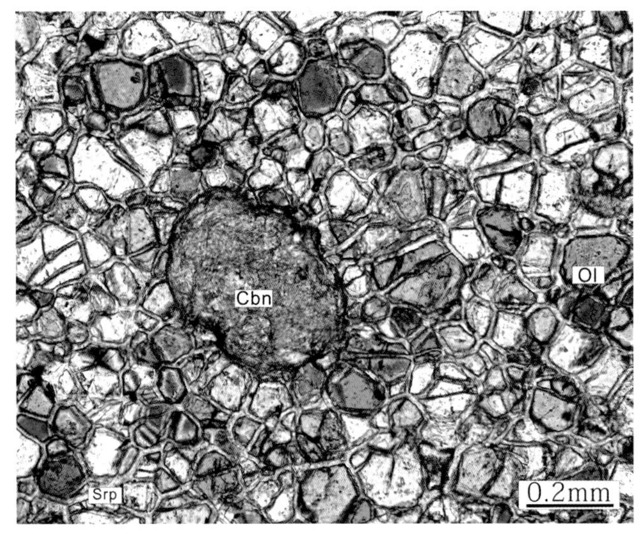


照片1-9　橄榄石沿边缘被蛇纹石交代　正交偏光

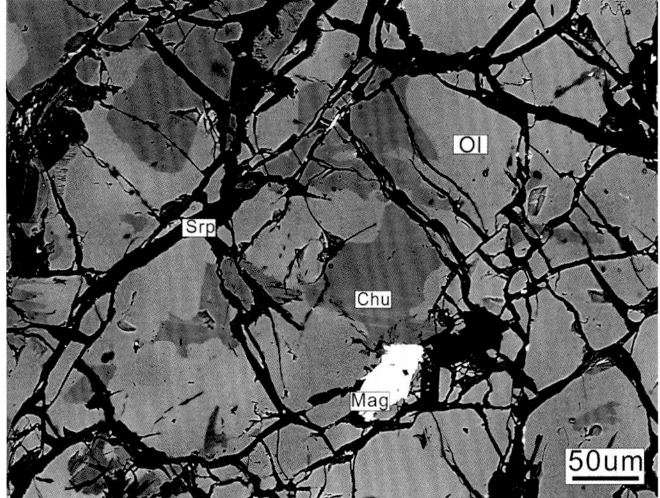


照片1-10　橄榄石与斜硅镁石共生BSE图像

青铜玉中橄榄石的$SiO_2$含量在39.92%～41.33%，MgO含量在50.62%～53.69%，全FeO含量为5.26%～8.79%，属镁橄榄石。云翠玉中产出的橄榄石更富镁贫铁，接近于纯端员的镁橄榄石，见表1-3。

表1-3　营口玉中橄榄石的化学成分　（单位：%）

| 样号 | $SiO_2$ | $TiO_2$ | $Al_2O_3$ | FeO | $Cr_2O_3$ | MnO | MgO | CaO | NiO | $Na_2O$ | $K_2O$ | Total |
|---|---|---|---|---|---|---|---|---|---|---|---|---|
| C-5 | 41.33 | | 0.02 | 6.63 | 0.01 | 0.20 | 51.61 | 0.01 | 0.04 | | | 99.86 |
| C-5 | 41.02 | 0.03 | 0.03 | 7.14 | 0.01 | 0.17 | 51.19 | 0.01 | | 0.05 | | 99.65 |
| C-5 | 40.21 | 0.04 | 0.01 | 8.17 | 0.01 | 0.21 | 51.40 | 0.01 | 0.04 | | 0.01 | 100.11 |
| C-7 | 40.93 | 0.02 | | 6.04 | | 0.18 | 52.00 | 0.03 | | | | 99.20 |
| C-7 | 41.21 | | | 5.26 | | 0.16 | 53.42 | | | | | 100.05 |
| C-7 | 40.92 | 0.05 | 0.01 | 5.44 | 0.02 | 0.19 | 52.57 | | | 0.02 | 0.02 | 99.23 |
| C-8 | 40.74 | | | 5.35 | | 0.18 | 53.69 | 0.01 | 0.01 | | | 99.99 |
| C-10 | 40.37 | | 0.02 | 6.62 | | 0.14 | 52.37 | | 0.00 | 0.04 | 0.03 | 99.59 |
| C-10 | 40.30 | 0.07 | 0.03 | 8.15 | | 0.21 | 51.99 | | 0.05 | | 0.01 | 100.80 |
| C-11 | 40.30 | | | 8.79 | | 0.16 | 51.17 | | 0.06 | | | 100.48 |
| C-11 | 40.41 | | | 8.17 | 0.03 | 0.20 | 51.98 | | 0.03 | | 0.03 | 100.84 |
| C-13 | 40.31 | 0.02 | | 7.38 | | 0.23 | 51.69 | 0.05 | | 0.03 | | 99.71 |
| C-14 | 39.92 | 0.02 | | 7.72 | 0.03 | 0.12 | 50.79 | 0.01 | | 0.02 | 0.03 | 98.65 |
| C-14 | 40.08 | 0.03 | | 8.70 | | 0.15 | 50.62 | | | 0.10 | | 99.68 |
| D-1 | 42.22 | 0.04 | | 0.96 | 0.03 | 0.01 | 56.37 | 0.02 | 0.01 | 0.04 | | 99.71 |
| D-1 | 42.35 | | 0.01 | 1.09 | 0.01 | 0.02 | 56.63 | 0.01 | 0.03 | 0.08 | 0.01 | 100.23 |
| D-1 | 42.00 | 0.01 | | 1.10 | 0.02 | | 56.52 | | | 0.06 | 0.03 | 99.75 |

## （三）斜硅镁石$Mg_9[Si_4O_{10}]_4(OH)_2$

斜硅镁石出现在C类青铜玉中，有两种产状，一种为交代镁橄榄石而与其共存，另一种为独立的碎粒状颗粒，不规则裂隙比橄榄石更发育，且表面更加粗糙（照片1-11）。沿裂隙和边缘也有发育程度不等的蛇纹石化交代。单偏光下无色，中正突起。正交偏光下斜消光，发育裂理，干涉色较高，可达III级绿。

斜硅镁石的$SiO_2$含量在35.00%～39.64%，MgO含量在51.91%～55.16%，全FeO含量为2.40%～6.31%，见表1-4。

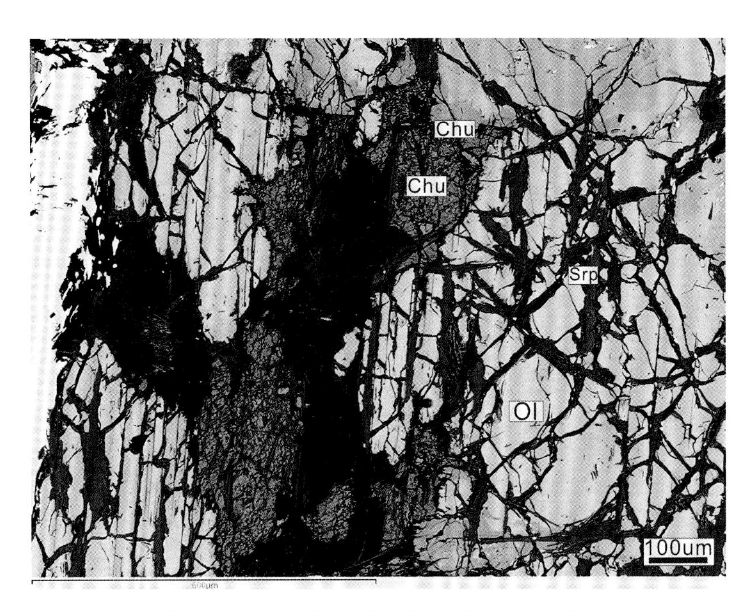


照片1-11　两种产状的斜硅镁石BSE图像

表1-4　营口玉中斜硅镁石的化学成分　（单位：%）

| 样号 | $SiO_2$ | $TiO_2$ | $Al_2O_3$ | FeO | $Cr_2O_3$ | MnO | MgO | CaO | NiO | $Na_2O$ | $K_2O$ | Total |
|---|---|---|---|---|---|---|---|---|---|---|---|---|
| C-4 | 37.97 | | 0.02 | 4.53 | | 0.13 | 53.40 | 0.01 | 0.10 | 0.03 | | 96.20 |
| | 38.43 | 0.08 | | 4.45 | 0.03 | 0.18 | 54.13 | | 0.04 | 0.05 | 0.01 | 97.40 |
| C-5 | 37.70 | 0.58 | 0.04 | 4.11 | 0.01 | 0.08 | 54.38 | | 0.03 | | 0.03 | 96.97 |
| | 37.57 | 0.01 | 0.02 | 3.03 | | 0.22 | 54.35 | | | | | 95.20 |
| | 35.00 | 0.08 | 0.03 | 2.70 | | 0.24 | 55.16 | 0.03 | | | 0.01 | 93.25 |
| | 36.77 | 0.12 | | 4.51 | 0.02 | 0.14 | 54.12 | 0.02 | 0.05 | 0.07 | | 95.81 |
| | 36.10 | 0.04 | 0.01 | 3.15 | | 0.26 | 54.15 | 0.02 | | 0.12 | 0.03 | 93.89 |
| | 37.11 | 0.12 | | 4.46 | | 0.12 | 53.84 | 0.01 | | 0.06 | | 95.72 |
| C-6 | 36.61 | 0.06 | 0.01 | 6.13 | 0.02 | 0.13 | 53.30 | 0.01 | | | 0.01 | 96.28 |
| | 36.41 | 0.01 | | 6.31 | 0.01 | 0.16 | 53.24 | 0.01 | 0.09 | 0.09 | | 96.33 |
| C-7 | 37.30 | 0.05 | 0.01 | 3.84 | | 0.15 | 54.45 | 0.02 | | 0.16 | | 95.98 |
| C-8 | 37.07 | 0.17 | | 3.93 | | 0.09 | 54.94 | 0.02 | 0.01 | | 0.02 | 96.25 |
| | 37.24 | 0.01 | | 5.26 | 0.13 | 0.12 | 53.38 | 0.01 | 0.02 | | 0.01 | 96.18 |
| | 37.03 | | 0.01 | 5.62 | | 0.22 | 51.91 | 0.01 | 0.03 | 0.05 | 0.02 | 94.91 |
| C-10 | 36.60 | 0.10 | | 4.39 | | 0.15 | 54.41 | 0.01 | | 0.09 | 0.01 | 95.76 |
| | 39.64 | 0.05 | 0.11 | 3.36 | | 0.29 | 53.16 | 0.03 | 0.03 | 0.03 | 0.03 | 96.75 |
| C-11 | 36.88 | 0.42 | | 6.16 | 0.01 | 0.21 | 52.94 | 0.02 | | 0.09 | 0.02 | 96.75 |
| | 36.73 | 0.07 | | 5.27 | | 0.18 | 54.41 | 0.01 | | | | 96.67 |
| | 37.47 | 0.25 | 0.03 | 5.34 | | 0.13 | 54.13 | 0.01 | 0.01 | 0.05 | 0.01 | 97.42 |
| C-14 | 36.58 | 0.03 | | 5.85 | 0.01 | 0.09 | 53.77 | | | 0.03 | 0.03 | 96.40 |
| | 36.92 | 0.25 | 0.02 | 6.01 | 0.02 | 0.12 | 53.40 | | 0.05 | 0.04 | 0.05 | 96.87 |

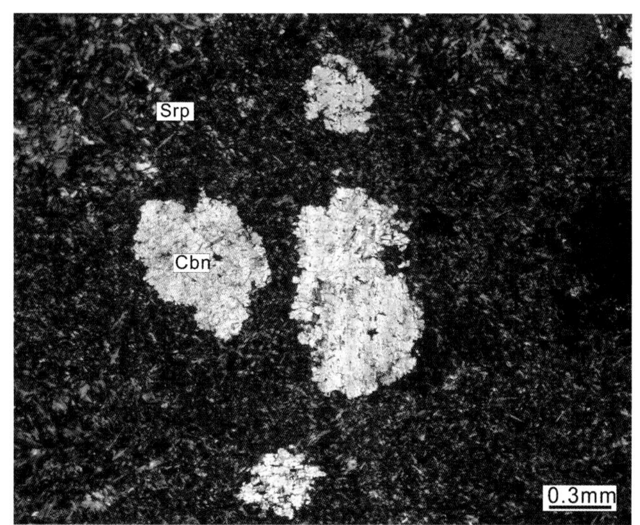


照片1-12　翠绿玉中的碳酸盐矿物残余体　正交偏光

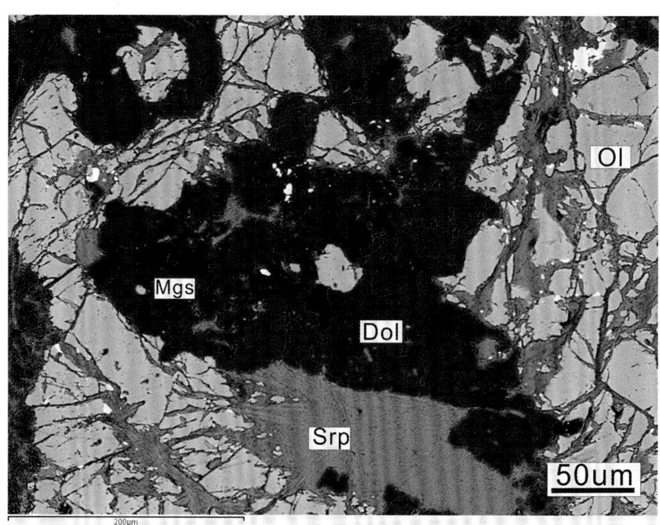


照片1-13　白云石包裹菱镁矿BSE图像

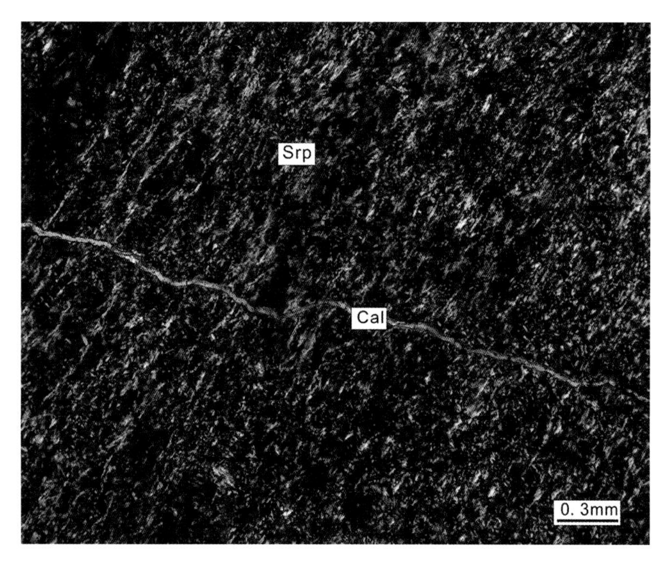


照片1-14　翠绿玉中的方解石脉　正交偏光

## （四）碳酸盐类矿物

营口玉中出现的碳酸盐类矿物包括白云石、菱镁矿、方解石。白云石和菱镁矿是营口蛇纹石玉中普遍存在的矿物。在A、B类玉石中，白云石和菱镁矿均为交代残余矿物，以不规则粒状集合体呈孤岛状存在于主体蛇纹石集合体中（照片1-12），其中白云石含量高于菱镁矿，菱镁矿经常被包裹于白云石中（照片1-13）。在D类云翠玉中，菱镁矿含量较高，白色的菱镁矿及少量白云石、滑石、硼镁石等白色矿物与绿色的蛇纹石和绿泥石等呈花斑状颜色外观。青铜玉中的白云石和菱镁矿含量较少，呈粒状集合体集中于局部，分布不均匀。方解石只偶尔呈脉状穿插产于蛇纹石玉中，为最晚形成的矿物（照片1-14）。这些碳酸盐矿物单偏光下为无色，高突起，闪突起明显，多数解理、双晶不发育；正交偏光下具高级白干涉色。

碳酸盐类矿物的化学成分列于表1-5。

表1-5　营口玉中碳酸盐类矿物的化学成分　（单位：%）

| 样号 | $SiO_2$ | $TiO_2$ | $Al_2O_3$ | FeO | $Cr_2O_3$ | MnO | MgO | CaO | NiO | $Na_2O$ | $K_2O$ | Total | 矿物 |
|---|---|---|---|---|---|---|---|---|---|---|---|---|---|
| A-1 | 0.01 | 0.01 | | 1.52 | | 0.30 | 21.31 | 29.23 | 0.02 | 0.04 | 0.04 | 52.48 | 白云石 |
| A-2 | 0.02 | 0.00 | 0.01 | 1.49 | | 0.25 | 21.30 | 29.65 | 0.06 | 0.02 | | 52.80 | 白云石 |
| | 0.02 | 0.01 | | 4.05 | | 0.31 | 46.73 | 0.55 | | 0.01 | | 51.68 | 菱镁矿 |
| A-4 | 0.01 | | | 0.08 | 0.02 | 0.42 | 0.76 | 56.19 | 0.06 | 0.02 | | 57.56 | 方解石 |

续表

| 样号 | $SiO_2$ | $TiO_2$ | $Al_2O_3$ | FeO | $Cr_2O_3$ | MnO | MgO | CaO | NiO | $Na_2O$ | $K_2O$ | Total | 矿物 |
|---|---|---|---|---|---|---|---|---|---|---|---|---|---|
| B-1 | 0.02 | 0.03 |  | 1.23 | 0.00 | 0.82 | 19.31 | 30.91 | 0.02 | 0.01 |  | 52.35 | 白云石 |
|  | 0.26 | 0.04 |  | 0.73 | 0.04 | 0.21 | 21.35 | 30.12 |  | 0.06 | 0.01 | 52.81 | 白云石 |
| B-3 | 0.02 |  |  | 1.86 | 0.02 | 1.11 | 21.01 | 30.89 |  | 0.03 |  | 54.94 | 白云石 |
| B-4 | 0.04 |  | 0.01 | 1.01 | 0.02 | 0.37 | 21.75 | 29.29 |  |  |  | 52.50 | 白云石 |
|  | 0.14 |  |  | 0.09 |  | 0.48 | 0.20 | 57.17 |  |  | 0.04 | 58.12 | 方解石 |
| C-4 | 0.08 |  |  | 3.16 | 0.02 | 0.40 | 46.04 | 0.42 |  |  | 0.01 | 50.13 | 菱镁矿 |
|  | 1.09 |  | 0.07 | 0.92 | 0.02 | 0.45 | 46.69 | 0.11 |  | 0.10 | 0.04 | 49.49 | 菱镁矿 |
| C-5 | 1.06 |  | 0.06 | 0.78 |  | 0.25 | 21.33 | 27.95 |  |  |  | 51.42 | 白云石 |
|  | 0.04 | 0.02 |  | 0.76 | 0.04 | 0.23 | 20.81 | 28.67 |  | 0.07 |  | 50.64 | 白云石 |
|  | 0.15 |  |  | 3.46 |  | 0.35 | 46.06 | 0.22 |  | 0.01 | 0.02 | 50.27 | 菱镁矿 |
| C-6 | 0.52 | 0.03 |  | 0.54 |  | 0.09 | 21.85 | 28.03 | 0.04 |  |  | 51.10 | 白云石 |
| C-7 | 0.05 | 0.05 | 0.02 | 0.60 | 0.01 | 0.10 | 21.89 | 30.20 |  | 0.11 |  | 53.04 | 白云石 |
|  |  | 0.02 | 0.01 | 0.63 |  | 0.14 | 21.14 | 30.22 |  | 0.11 | 0.02 | 52.29 | 白云石 |
|  | 0.04 |  |  | 1.72 |  | 0.19 | 47.53 | 0.11 | 0.01 |  | 0.02 | 49.62 | 菱镁矿 |
|  | 2.08 | 0.01 | 0.02 | 1.32 | 0.03 | 0.44 | 45.70 | 0.24 |  | 0.01 | 0.03 | 49.88 | 菱镁矿 |
| C-8 | 0.57 |  |  | 1.09 | 0.01 | 0.94 | 47.24 | 0.04 |  |  |  | 49.88 | 菱镁矿 |
| C-10 | 2.11 |  | 0.04 | 0.84 |  | 0.21 | 23.28 | 28.92 |  | 0.12 | 0.02 | 55.53 | 白云石 |
|  | 0.23 |  | 0.03 | 0.93 | 0.02 | 0.24 | 21.78 | 28.98 | 0.03 |  | 0.01 | 52.26 | 白云石 |
|  | 0.10 |  |  | 3.18 |  | 0.29 | 46.95 | 0.30 | 0.06 | 0.02 |  | 50.88 | 菱镁矿 |
| C-14 | 0.09 |  |  | 0.88 | 0.04 | 0.07 | 21.30 | 29.37 | 0.05 |  |  | 51.79 | 白云石 |
|  | 0.12 |  | 0.02 | 0.86 | 0.01 | 0.07 | 21.70 | 29.16 |  | 0.08 | 0.03 | 52.04 | 白云石 |
| D-1 | 0.11 |  |  | 0.61 |  | 0.07 | 48.13 | 0.04 |  | 0.03 | 0.03 | 49.03 | 菱镁矿 |
|  | 0.04 |  | 0.01 | 0.24 | 0.02 | 0.02 | 48.70 | 0.07 | 0.00 | 0.03 | 0.03 | 49.16 | 菱镁矿 |
| D-2 | 0.07 | 0.02 | 0.01 | 4.51 | 0.04 | 0.20 | 46.59 | 0.02 |  | 0.06 | 0.01 | 51.54 | 菱镁矿 |
| D-3 | 0.18 |  | 0.03 | 4.85 | 0.02 | 0.15 | 47.21 | 0.02 |  | 0.04 | 0.03 | 52.52 | 菱镁矿 |
| D-4 | 0.03 |  | 0.04 | 3.03 | 0.02 | 0.13 | 47.74 | 0.02 |  | 0.01 | 0.02 | 51.02 | 菱镁矿 |
| D-5 | 0.11 |  | 0.03 | 0.83 | 0.02 | 0.39 | 20.18 | 32.15 |  | 0.05 |  | 53.77 | 白云石 |
|  | 0.62 | 0.03 | 0.01 | 1.11 |  | 0.18 | 21.24 | 30.04 |  |  |  | 53.23 | 白云石 |
|  | 0.10 | 0.03 | 0.02 | 3.22 | 0.02 | 0.09 | 47.06 | 0.06 |  |  | 0.02 | 50.61 | 菱镁矿 |
|  | 0.07 |  | 0.02 | 3.20 | 0.04 | 0.11 | 46.85 | 0.07 | 0.04 | 0.04 | 0.01 | 50.44 | 菱镁矿 |
|  | 0.06 |  | 0.03 | 3.48 |  | 0.23 | 46.39 | 0.63 | 0.03 | 0.03 | 0.01 | 50.87 | 菱镁矿 |
| D-6 | 0.18 |  | 0.02 | 0.57 |  | 0.38 | 21.34 | 30.66 |  |  |  | 53.15 | 白云石 |
|  |  |  |  | 1.83 | 0.03 | 0.15 | 46.71 | 0.32 |  | 0.03 |  | 49.06 | 菱镁矿 |
|  | 0.01 |  |  | 1.73 |  | 0.10 | 47.56 | 0.16 | 0.01 | 0.01 |  | 49.59 | 菱镁矿 |
|  | 0.07 |  |  | 3.77 | 0.04 | 0.01 | 46.87 | 0.01 |  | 0.01 |  | 50.78 | 菱镁矿 |
|  | 0.07 |  | 0.01 | 3.69 |  | 0.07 | 46.90 | 0.04 | 0.02 | 0.01 |  | 50.81 | 菱镁矿 |
|  | 0.03 |  | 0.01 | 5.50 | 0.03 | 0.09 | 45.87 | 0.02 |  | 0.02 |  | 51.56 | 菱镁矿 |

## （五）绿泥石

营口玉各类型中均可见零星产出绿泥石，呈细鳞片状集合体，单偏光下无色－淡绿色，低正突起，正交偏光下近平行消光，显Ⅰ级灰干涉色或墨水蓝色异常干涉色。经常可见交代金云母（照片1-15）。化学成分见表1-6。镁含量高，可达35%左右，属于富镁的辉绿泥石。

## （六）金云母

金云母以次要矿物出现于青铜玉和云翠玉中，片状。单偏光下无色，低正突起，正交偏光下平行消光，干涉色可达II级红。沿边缘或解理缝局部可见被绿泥石、蛇纹石交代（照片1-15）。化学成分见表1-7。富镁而贫铁，属于接近镁端员的金云母。

## （七）滑石

滑石作为一种富镁岩石中经常与蛇纹石相伴产出的矿物，在营口玉各类型中均有所见，但含量低，为细鳞片状集合体。单偏光下为无色－浅褐色，微弱多色性，低正突起；在正交偏光下，平行消光，最高干涉色可达III级。粒度一般为0.01～0.20mm（照片1-16）。代表性电子探针分析数据见表1-8。

## （八）硼镁铁矿

作为硼矿产区产出的玉石，营口玉的青铜玉和云翠玉中，均有硼镁铁矿少量产出。硼镁铁矿呈长柱状（照片1-17），高正突起，绿－棕黄绿色（照片1-18），多色性明显，斜消光，干涉色因色深而显绿色。代表性电子探针分析数据见表1-9。

表1-6　营口玉中绿泥石的化学成分　（单位：%）

| 样号 | $SiO_2$ | $TiO_2$ | $Al_2O_3$ | FeO | $Cr_2O_3$ | MnO | MgO | CaO | NiO | $Na_2O$ | $K_2O$ | Total |
|---|---|---|---|---|---|---|---|---|---|---|---|---|
| B-1 | 34.93 | 0.02 | 13.36 | 2.72 |  | 0.02 | 35.46 | 0.01 |  | 0.19 | 0.49 | 87.20 |
| C-4 | 33.33 |  | 15.47 | 1.96 |  | 0.01 | 33.17 | 0.10 | 0.05 | 0.09 | 0.31 | 84.49 |
|  | 34.13 |  | 15.42 | 1.50 | 0.05 |  | 34.90 | 0.02 | 0.01 | 0.02 | 0.03 | 86.08 |
| C-5 | 34.42 |  | 14.15 | 1.94 | 0.06 | 0.01 | 34.93 |  | 0.03 | 0.08 | 0.02 | 85.64 |
|  | 34.22 | 0.01 | 13.99 | 2.42 | 0.02 | 0.03 | 35.15 | 0.02 | 0.09 |  | 0.03 | 85.97 |
|  | 34.38 |  | 14.59 | 2.15 |  | 0.03 | 34.57 | 0.02 |  | 0.16 | 0.11 | 86.01 |
| C-7 | 33.73 |  | 14.02 | 1.92 | 0.01 | 0.04 | 34.71 | 0.05 |  | 0.10 | 0.04 | 84.61 |
| D-5 | 33.82 | 0.01 | 13.22 | 2.15 | 0.08 | 0.04 | 35.26 | 0.01 |  | 0.07 | 0.12 | 84.78 |
|  | 37.37 |  | 6.19 | 1.73 | 0.03 |  | 36.36 | 0.07 | 0.03 | 0.10 | 0.05 | 81.93 |
| D-6 | 35.68 | 0.01 | 11.77 | 2.02 |  |  | 34.54 | 0.02 |  | 0.03 | 0.63 | 84.71 |

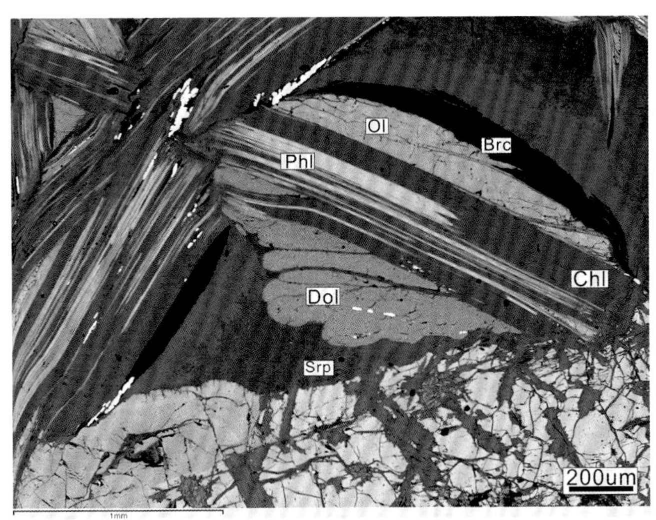


照片1-15　金云母和绿泥石BSE图像

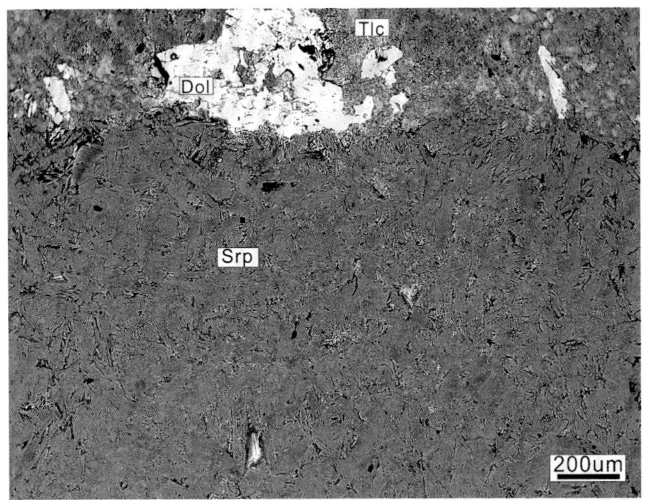


照片1-16　白云石和滑石BSE图像，主体为蛇纹石

### 表1-7　营口玉中金云母的化学成分

（单位：%）

| 样号 | $SiO_2$ | $TiO_2$ | $Al_2O_3$ | FeO | $Cr_2O_3$ | MnO | MgO | CaO | NiO | $Na_2O$ | $K_2O$ | Total |
|---|---|---|---|---|---|---|---|---|---|---|---|---|
| C-5 | 42.03 | 0.01 | 11.26 | 2.10 | 0.04 | 0.02 | 29.87 | 0.03 | | 0.13 | 7.87 | 93.36 |
| | 42.70 | | 11.89 | 1.45 | 0.05 | 0.02 | 27.59 | 0.04 | | 0.18 | 10.31 | 94.23 |
| C-14 | 43.29 | | 9.50 | 2.18 | | 0.02 | 27.49 | | | 0.07 | 9.85 | 92.40 |
| | 44.13 | 0.03 | 9.53 | 1.92 | 0.01 | 0.01 | 27.62 | | | | 9.71 | 92.96 |
| D-2 | 43.36 | 0.22 | 10.73 | 1.58 | | | 27.75 | | 0.01 | 0.08 | 9.21 | 92.94 |
| D-3 | 43.35 | 0.07 | 10.93 | 1.84 | 0.02 | 0.03 | 27.62 | 0.04 | 0.03 | 0.39 | 10.12 | 94.44 |
| D-4 | 43.30 | 0.17 | 11.23 | 1.49 | 0.06 | | 29.26 | 0.02 | | 0.09 | 9.19 | 94.82 |
| D-5 | 42.62 | 0.14 | 10.49 | 1.47 | 0.03 | | 27.81 | 0.03 | 0.04 | 0.08 | 9.73 | 92.43 |
| | 42.98 | 0.22 | 10.48 | 1.46 | 0.02 | 0.02 | 27.68 | | | 0.15 | 9.58 | 92.59 |

### 表1-8　营口玉中滑石的化学成分

（单位：%）

| 样号 | $SiO_2$ | $TiO_2$ | $Al_2O_3$ | FeO | $Cr_2O_3$ | MnO | MgO | CaO | NiO | $Na_2O$ | $K_2O$ | Total |
|---|---|---|---|---|---|---|---|---|---|---|---|---|
| B-3 | 61.68 | 0.03 | 0.04 | 1.50 | | 0.01 | 30.20 | 0.03 | | 0.12 | 0.05 | 93.66 |
| D-3 | 61.94 | | | 0.75 | 0.03 | | 29.13 | 0.04 | 0.02 | 0.07 | 0.09 | 92.06 |
| | 61.60 | 0.01 | 0.06 | 0.41 | 0.02 | 0.01 | 29.90 | | | 0.25 | 0.10 | 92.35 |
| D-6 | 61.19 | 0.06 | | 0.90 | | | 30.68 | 0.01 | 0.01 | 0.08 | 0.02 | 92.95 |
| | 60.16 | 0.01 | 0.03 | 1.17 | 0.07 | 0.03 | 30.12 | 0.03 | 0.01 | 0.09 | 0.02 | 91.74 |

### 表1-9　营口玉中硼镁铁矿的化学成分

（单位：%）

| 样号 | $SiO_2$ | $TiO_2$ | $Al_2O_3$ | FeO | $Cr_2O_3$ | MnO | MgO | CaO | NiO | $Na_2O$ | $K_2O$ | Total |
|---|---|---|---|---|---|---|---|---|---|---|---|---|
| C-11 | 0.06 | 0.07 | 0.05 | 55.52 | | 0.24 | 27.21 | | | 0.01 | 0.03 | 83.19 |
| | 0.06 | 0.05 | | 55.22 | 0.02 | 0.18 | 27.62 | | 0.10 | 0.16 | 0.02 | 83.43 |
| D-1 | 0.02 | | 0.19 | 44.10 | 0.03 | 0.06 | 37.47 | | | 0.03 | | 81.90 |
| | 0.02 | | 0.16 | 45.94 | | 0.03 | 37.88 | 0.01 | 0.05 | | 0.01 | 84.11 |

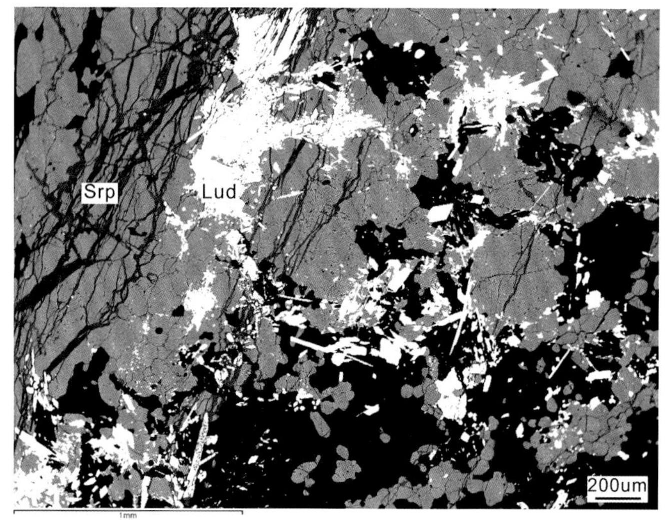


照片1-17 硼镁铁矿长柱状集合体BSE图像

照片1-18 长柱状硼镁铁矿，棕绿色 单偏光

## （九）其他矿物

各类型营口玉中其他矿物尚可见水镁石、硼镁石、绿帘石、黄铁矿、磁铁矿、钛铁矿、褐铁矿、磷灰石、锆石等。

水镁石主要产出于青铜玉中。一般在玉石的裂隙中产出，属区域晚期蚀变的产物。细鳞片状集合体，粒度一般0.01～0.10mm。无色，低正突起，平行消光，干涉色I级橙黄。由于粒度较细，且硬度低，抛光性差，水镁石探针数据不易分析，测得成分变化较大（表1-10）。

磁铁矿呈不规则粒状集合体，黑色，反射率较低，均质性，高硬度，无内反射现象。磁铁矿普遍存在于样品中，但含量较低且变化较大，多呈星点状不均匀分布，有时集中呈细脉状。代表性成分分析数据见表1-10。

表1-10 营口玉中水镁石、磁铁矿、钛铁矿的化学成分 （单位：%）

| 样号 | $SiO_2$ | $TiO_2$ | $Al_2O_3$ | FeO | $Cr_2O_3$ | MnO | MgO | CaO | NiO | $Na_2O$ | $K_2O$ | Total | 矿物 |
|---|---|---|---|---|---|---|---|---|---|---|---|---|---|
| A-1 | 0.26 | 52.72 | 0.00 | 40.18 | 0.03 | 5.65 | 0.75 | 0.16 | 0.03 | 0.00 | 0.00 | 99.77 | 钛铁矿 |
| C-4 | 0.07 | 0.09 |  | 91.17 | 0.01 | 0.21 | 1.16 | 0.03 | 0.06 | 0.02 | 0.01 | 92.81 | 磁铁矿 |
| C-5 | 0.28 | 0.01 | 0.00 | 1.46 | 0.02 | 0.10 | 65.17 | 0.02 | 0.01 | 0.00 | 0.06 | 67.12 | 水镁石 |
|  | 0.20 | 0.03 | 0.00 | 1.66 | 0.27 | 0.18 | 66.25 | 0.04 | 0.01 | 0.03 | 0.04 | 68.70 | 水镁石 |
| C-6 | 0.04 | 0.06 |  | 91.54 | 0.02 | 0.12 | 0.94 |  | 0.04 |  |  | 92.77 | 磁铁矿 |
| C-7 | 0.17 | 0.02 | 0.04 | 2.40 | 0.02 | 0.22 | 69.17 | 0.02 | 0.00 | 0.00 | 0.01 | 72.07 | 水镁石 |
|  | 1.73 |  | 0.01 | 87.57 |  | 0.31 | 3.61 | 0.01 | 0.11 |  | 0.02 | 93.36 | 磁铁矿 |
| C-8 | 0.05 |  |  | 92.23 |  | 0.43 | 0.94 |  | 0.08 |  |  | 93.73 | 磁铁矿 |
| C-11 | 0.14 | 0.01 | 0.00 | 1.79 | 0.04 | 0.20 | 79.44 | 0.02 | 0.02 | 0.09 | 0.01 | 81.75 | 水镁石 |
|  | 0.18 |  | 0.04 | 92.08 | 0.05 | 0.31 | 1.34 |  |  |  | 0.01 | 94.00 | 磁铁矿 |

钛铁矿偶尔可见，呈细粒状散布，粒度在0.05～0.10mm，有时与磁铁矿交生。

黄铁矿呈不规则等粒状集合体，黄色或黄白色，反射率高，高硬度，均质，常与磁铁矿伴生。

磁黄铁矿呈不规则粒状集合体，淡黄色，非均质，中等硬度，抛光性良好，反射率较高；常围绕磁铁矿呈环边状构造，表明比磁铁矿形成晚。

磷灰石呈粒状散布，为普遍存在的副矿物，无色，高正突起，干涉色I级灰白。

# 第三节　营口玉的岩石化学特征

代表性样品的全岩常量元素分析结果见表1-11。其中A类翠绿玉和B类墨绿玉中的蛇纹石含量均在95%以上，全岩化学成分也显示其接近蛇纹石矿物的理论化学组

表1-11　营口玉的岩石化学成分　（单位：%）

| 样号 | $SiO_2$ | $TiO_2$ | $Al_2O_3$ | $TFe_2O_3$ | MgO | MnO | CaO | $K_2O$ | $P_2O_5$ | LOI | Total |
|---|---|---|---|---|---|---|---|---|---|---|---|
| A-1 | 41.95 |  | 0.09 | 4.02 | 41.22 | 0.04 | 0.46 |  | 0.02 | 12.17 | 99.97 |
| A-2 | 42.58 | 0.02 | 0.07 | 3.36 | 41.94 | 0.04 | 0.14 |  | 0.02 | 11.79 | 99.95 |
| A-3 | 42.11 | 0.01 | 0.32 | 3.03 | 42.11 | 0.06 | 0.12 |  | 0.06 | 12.14 | 99.95 |
| A-4 | 41.40 | 0.01 | 0.34 | 2.64 | 41.73 | 0.07 | 1.04 |  | 0.32 | 12.42 | 99.97 |
| A-5 | 41.61 | 0.01 | 1.00 | 2.70 | 41.77 | 0.08 | 0.05 |  |  | 11.94 | 99.16 |
| B-1 | 40.90 | 0.02 | 1.39 | 2.69 | 41.75 | 0.06 | 0.27 |  | 0.01 | 12.41 | 99.50 |
| B-2 | 40.30 | 0.02 | 2.19 | 2.67 | 41.37 | 0.06 | 0.23 |  |  | 12.56 | 99.40 |
| B-3 | 41.84 | 0.01 | 0.89 | 2.08 | 41.84 | 0.02 | 0.40 |  |  | 12.42 | 99.51 |
| B-4 | 39.63 | 0.01 | 0.20 | 5.38 | 39.63 | 0.43 | 1.22 |  | 0.44 | 12.45 | 99.39 |
| C-3 | 34.09 | 0.04 | 0.86 | 5.69 | 48.07 | 0.10 | 0.03 |  | 0.02 | 10.55 | 99.42 |
| C-7 | 33.71 | 0.02 | 0.26 | 4.67 | 49.59 | 0.12 | 2.23 |  | 0.03 | 9.27 | 99.90 |
| C-8 | 35.93 | 0.01 | 0.54 | 3.95 | 47.94 | 0.09 | 0.05 |  | 0.03 | 11.42 | 99.96 |
| C-10 | 35.58 |  | 0.31 | 6.28 | 49.73 | 0.13 | 0.51 |  | 0.02 | 7.13 | 99.70 |
| C-13 | 36.05 | 0.01 | 0.36 | 4.75 | 47.31 | 0.10 | 0.21 | 0.05 | 0.08 | 10.73 | 99.65 |
| C-14 | 33.41 | 0.02 | 0.86 | 3.24 | 39.72 | 0.06 | 5.06 | 0.12 | 0.19 | 17.18 | 99.85 |
| D-2 | 41.63 | 0.02 | 0.79 | 1.94 | 43.04 | 0.03 | 0.03 | 0.12 | 0.02 | 12.33 | 99.95 |
| D-3 | 38.83 | 0.02 | 1.70 | 2.82 | 38.97 | 0.05 | 2.82 | 0.58 | 0.24 | 13.89 | 99.93 |
| D-4 | 34.12 | 0.03 | 0.87 | 1.88 | 41.18 | 0.07 | 2.38 | 0.02 | 0.01 | 19.39 | 99.96 |
| D-5 | 40.88 | 0.03 | 1.15 | 1.77 | 42.69 | 0.03 | 0.25 | 0.02 | 0.02 | 13.05 | 99.88 |
| D-6 | 37.80 | 0.02 | 0.76 | 1.91 | 41.34 | 0.06 | 0.45 | 0.02 | 0.01 | 21.92 | 99.98 |
| D-8 | 26.30 |  | 0.15 | 2.41 | 50.60 | 0.07 | 0.07 |  | 0.01 | 19.71 | 99.40 |

成（王濮等，1987），两者的化学组成相似，且B类总体并未显示比A类更高的Fe含量。D类云翠玉全岩化学成分变化较大，部分以蛇纹石为主的与A、B类成分相似，但Fe含量更低；而含相对较多白云石和菱镁矿的样品$SiO_2$低且烧失量高。其中D-8由于含主要物相硼镁石约30%，故硅异常低且镁很高，与该地区区域背景一致（王翠芝等，2006）。C类青铜玉相对于上三类以低硅富镁为特征，且铁更高，而烧失量偏低，这与其含橄榄石、硼镁铁矿等物相一致。

# 第四节　营口玉的结构构造特征

## 一、营口玉的结构特征

由于四类营口玉的矿物组成有明显差异，营口玉的结构较复杂。分类依据不同，可以有多种不同的结构类型。

### （一）按矿物粒度区分

按矿物粒度大小，营口蛇纹石玉可分为显晶质结构、显微晶质结构和显微隐晶质结构。

#### 1. 显晶质结构

矿物颗粒大小一般为0.3～2mm，肉眼或借助普通放大镜可识别颗粒。部分青铜玉、云翠玉以及墨绿玉的局部可表现出这种结构（照片1-19），组成矿物以片状为主。

照片1-19　显晶质结构　正交偏光

#### 2. 显微晶质结构

矿物颗粒大小一般为0.01～0.1mm，大者可达0.2～0.3mm，显微镜下可清晰辨别颗粒形状与边界（照片1-20）。各类营口玉均可显示这种结构，主要矿物可呈粒状、叶片状、鳞片状等。

#### 3. 显微隐晶质结构

矿物颗粒小于0.01mm，40倍显微镜下较难分辨颗粒边界（照片1-21），但在电子显微镜下矿物个体边界清晰可见。这种结构主要出现在翠绿玉和墨绿玉中，主要矿物为显微鳞片状。

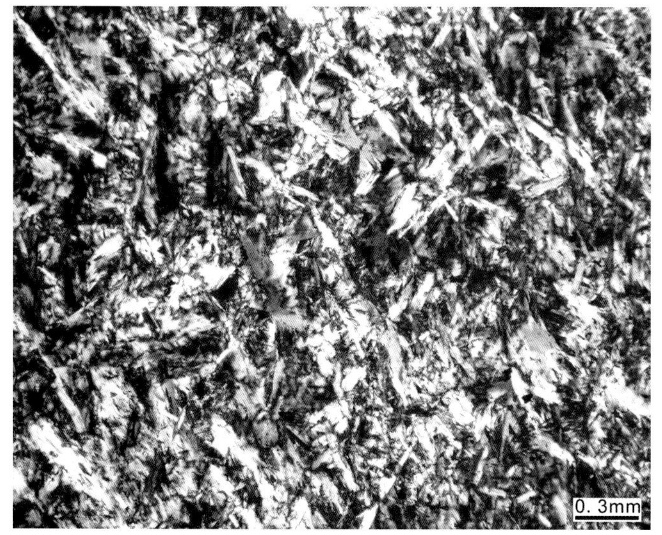

照片1-20　显微晶质结构　正交偏光

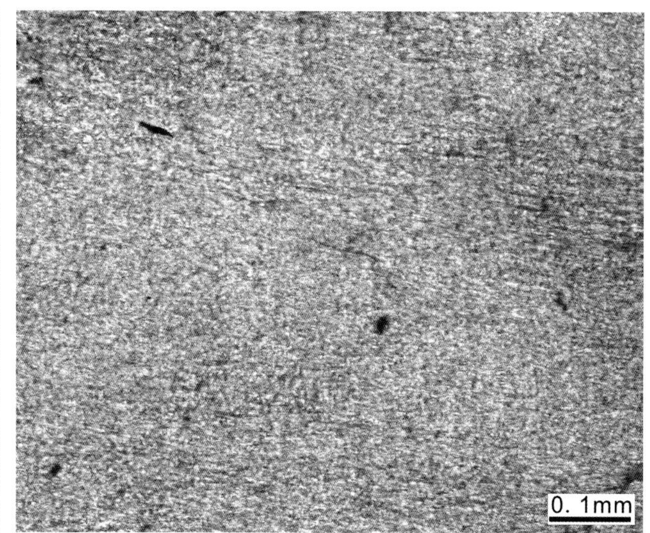


照片1-21　显微隐晶质结构　正交偏光

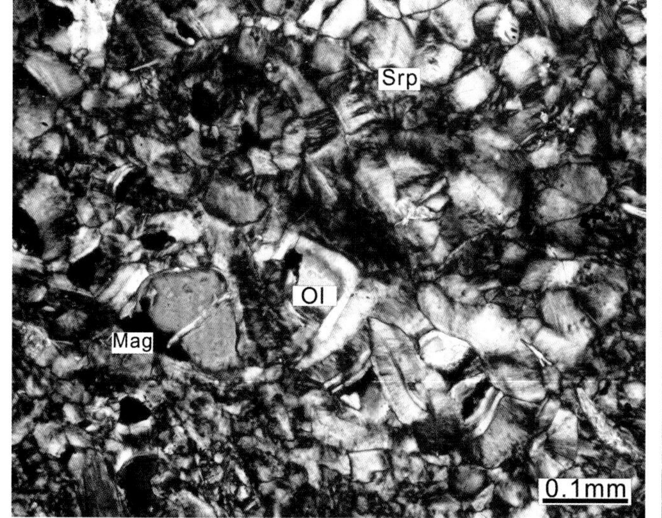


照片1-22　粒状－片状变晶结构　正交偏光

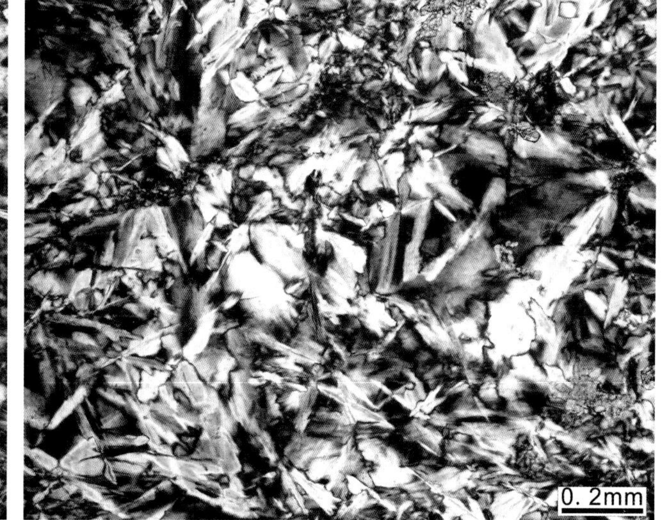


照片1-23　叶片状变晶结构　正交偏光

## （二）按矿物形态区分

根据主要矿物的形态特点，营口玉的结构可分为粒状－片状变晶结构、叶片状变晶结构、鳞片状变晶结构和纤维状－鳞片状变晶结构。

### 1. 粒状-片状变晶结构

青铜玉和云翠玉中，主要矿物除了蛇纹石之外，还有粒状的橄榄石、斜硅镁石和碳酸盐矿物，因此可表现出粒状－片状变晶结构（照片1-22）。该类结构中，粒状矿物一般较粗，可达显晶质。

### 2. 叶片状变晶结构

在一些档次低的翠绿玉和墨绿玉中，早期结晶的片状蛇纹石颗粒较大，呈叶片状集合体（照片1-23）。

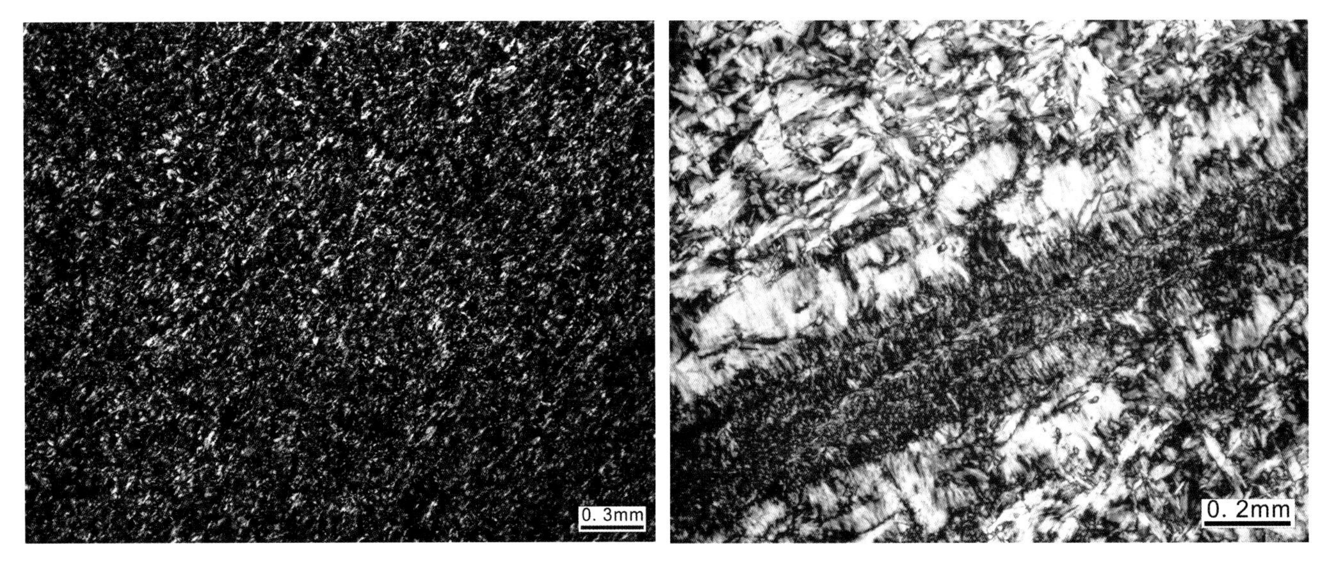


照片1-24　鳞片状变晶结构　正交偏光　　照片1-25　纤维状-鳞片状变晶结构　正交偏光

3. 鳞片状变晶结构

晚期结晶的蛇纹石通常颗粒细小，一般粒度小于0.05mm，呈显微鳞片状（照片1-24）。这种结构的玉石通常质地细腻均匀，属高质量的玉石。

4. 纤维状-鳞片状变晶结构

主要矿物蛇纹石有不同期次，表现出不同的形态，往往是早期的呈片状、鳞片状，较晚期的呈纤维状，有时具有定向性，有时则呈无定向的交织状（照片1-25），一般粒度均较细，通常小于0.05mm。

## （三）按矿物粒度相对大小区分

按矿物粒度的相对大小，营口玉的结构可分为等粒和不等粒结构。

1. 等粒变晶结构

主要组成矿物蛇纹石或蛇纹石、橄榄石、碳酸盐类矿物粒度大致相等。优质的翠绿玉和墨绿玉常见这种结构（照片1-26），部分青铜玉和云翠玉也见这种结构。

2. 不等粒变晶结构

主要组成矿物蛇纹石以及其他矿物颗粒大小不等（照片1-27）。质量较差的翠绿玉和墨绿玉，以及大部分云翠玉、青铜玉具有这种结构。其中主要矿物往往有不同期次。

## （四）按矿物颗粒间的相互关系及组合方式区分

根据矿物颗粒之间的相互关系及其组合方式，营口玉有如下结构类型：

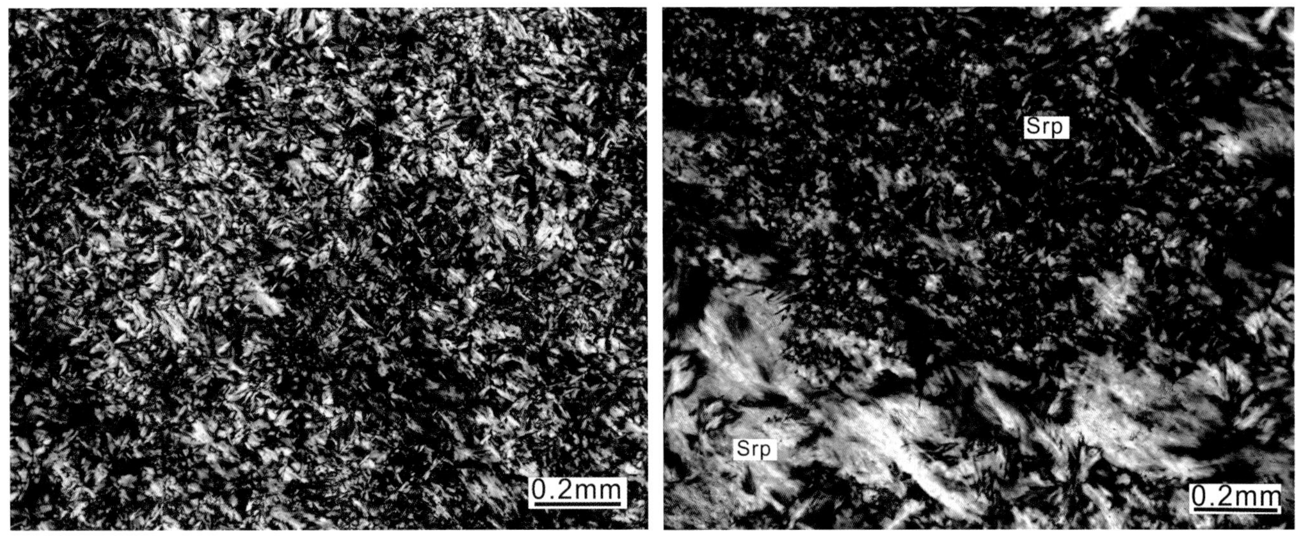


照片1-26　等粒变晶结构　正交偏光　　照片1-27　不等粒变晶结构　正交偏光

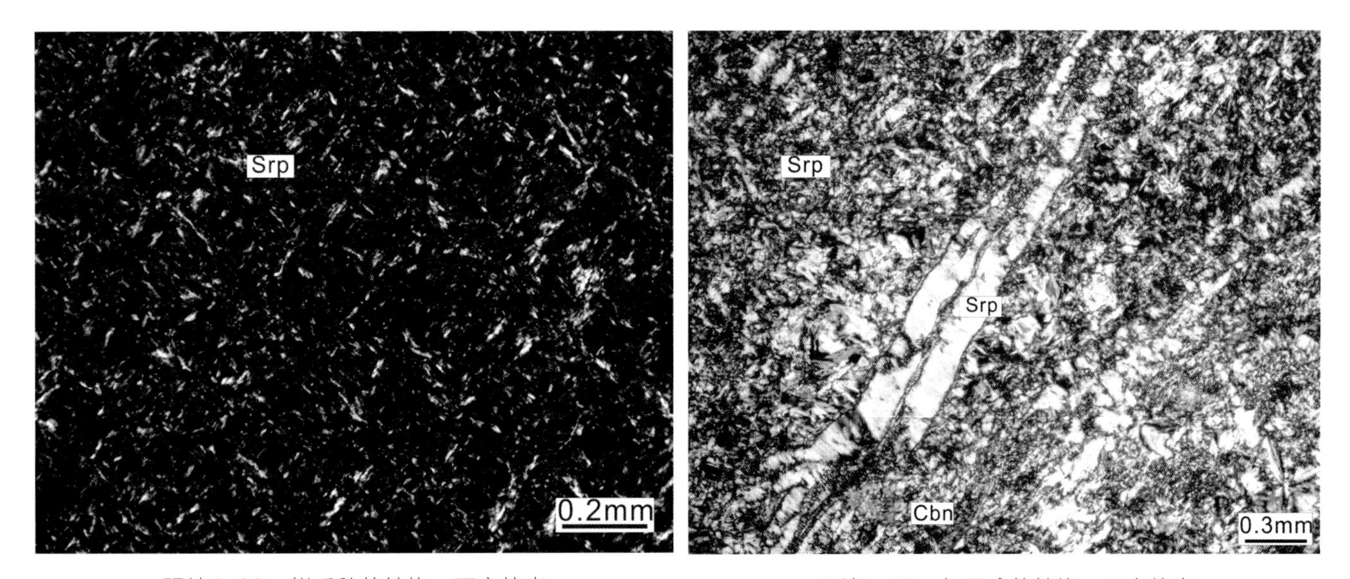


照片1-28　似毛毡状结构　正交偏光　　照片1-29　细网脉状结构　正交偏光

### 1. 似毛毡状结构

细小的纤维状蛇纹石相互交织成毛毡状，总体看矿物略具定向性（照片1-28）。

### 2. 细网脉状结构

晚期形成的蛇纹石、水镁石、方解石等沿玉石的微裂隙充填，使玉石出现网脉状结构（照片1-29）。

### 3. 放射（花瓣）状结构

这种结构出现在玉石的局部，片状蛇纹石大致呈从一个中心点向外放射状生长，形成放射状或（似）花瓣状结构（照片1-30）。这种结构应形成于定向压力小的环境条件下。

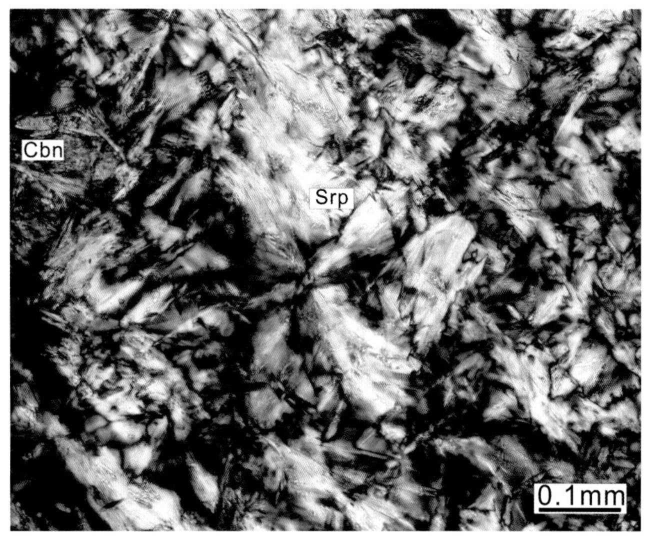


照片1-30 放射状结构 正交偏光

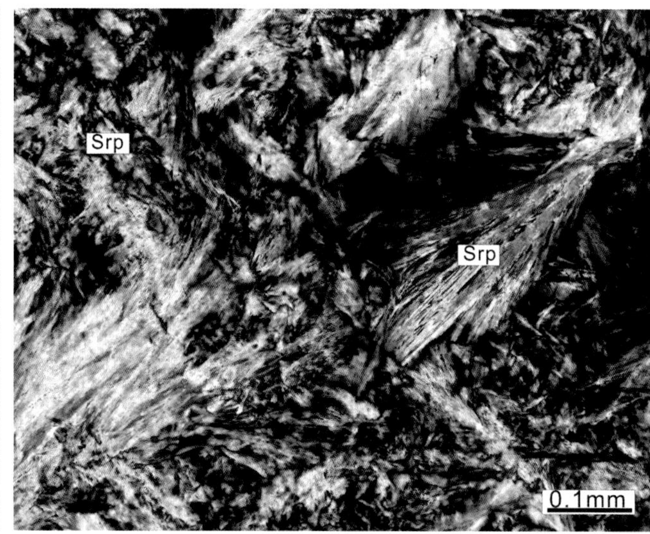


照片1-31 蒿束状结构 正交偏光

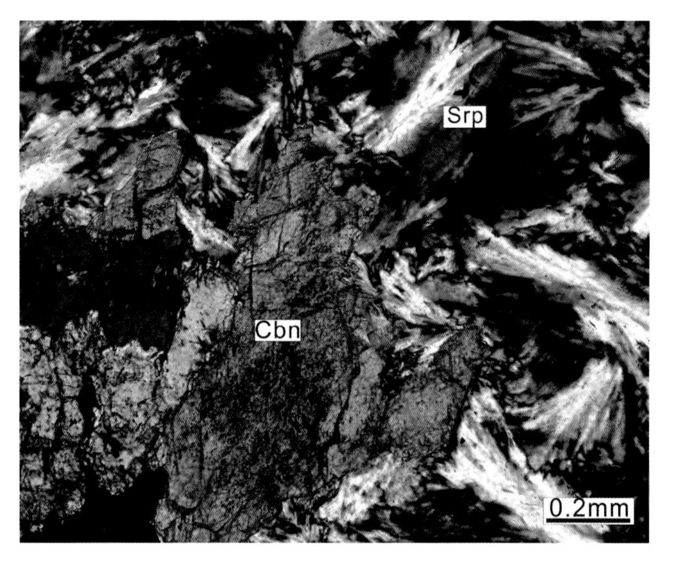


照片1-32 交代蚕蚀结构 正交偏光

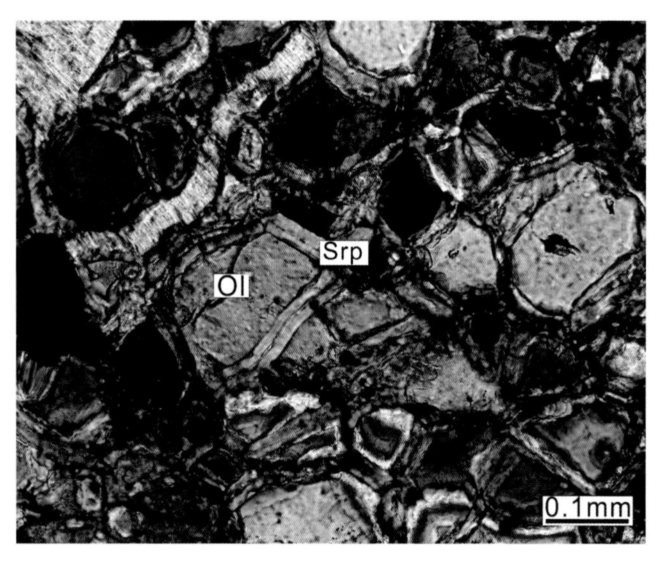


照片1-33 交代环边结构 正交偏光

4. 蒿束状或帚状结构

纤维状或片状蛇纹石聚集成束状或一端收敛、一端散开的帚状，形成蒿束状或帚状结构，亦出现于玉石的局部（照片1-31）。

## （五）交代结构

上述4类结构中，矿物均为镶嵌状，营口玉中还发育下列交代结构：

1. 交代蚕蚀结构

早期形成的橄榄石、斜硅镁石、碳酸盐矿物、蛇纹石等被后来的蛇纹石沿边缘交代港湾状或缝合线状，交代程度不高，出现不规则的溶蚀边（照片1-32）。

2. 交代环边结构

早期较大颗粒的橄榄石或蛇纹石等被后来的蛇纹石边缘交代，被交代的矿物四周边缘形成一个闭合的蛇纹石组成的环边（照片1-33）。

3. 交代网状结构

橄榄石等早期矿物沿裂隙或解理被后来的蛇纹石、绿泥石等交代成网格状（照片1-34）。

照片1-34　交代网状结构　正交偏光

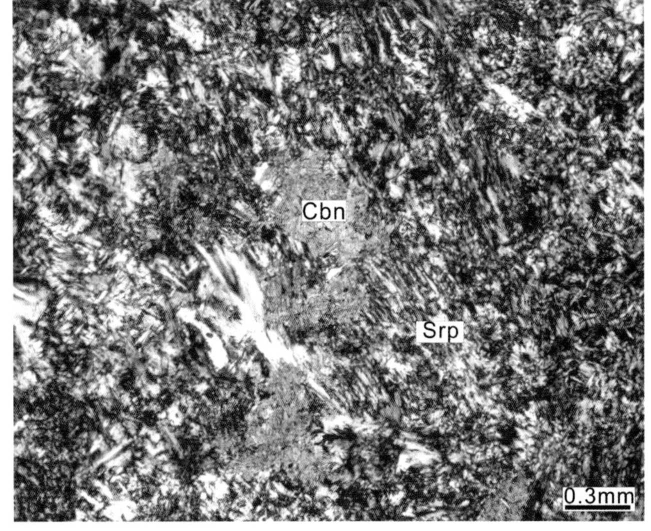


照片1-35　交代残余结构　正交偏光

4. 交代残余结构

随着交代程度的加深，早期被交代的橄榄石、碳酸盐矿物等只剩下零星的残余体，呈孤岛状散布于玉石中（照片1-35）。

5. 交代残斑结构

一些青铜玉中，往往有许多交代残留的粒状橄榄石等呈似斑状分布于较细的蛇纹石基质中，构成交代残斑结构（照片1-36）。

照片1-36　交代残斑结构　正交偏光

## 二、营口玉的构造

营口玉的构造类型主要有块状构造、花斑状构造、眼球状构造、网脉状构造。

### （一）块状构造

这是营口玉的主要构造类型，玉石中的矿物组成和结构均匀，无宏观定向排列，翠绿玉、墨绿玉及大部分青铜玉表现为这种构造（照片1-37）。

### （二）花斑状构造

玉石中白色的碳酸盐矿物等的集合体与绿色蛇纹石等的集合体呈团块状相互交织，形成花斑状构造。有时绿色基底上的白色部分似天空中的白云一样。云翠玉主要表现为这种构造（照片1-38）。

照片1-37　块状构造

照片1-38　花斑状构造

照片1-39　眼球状构造

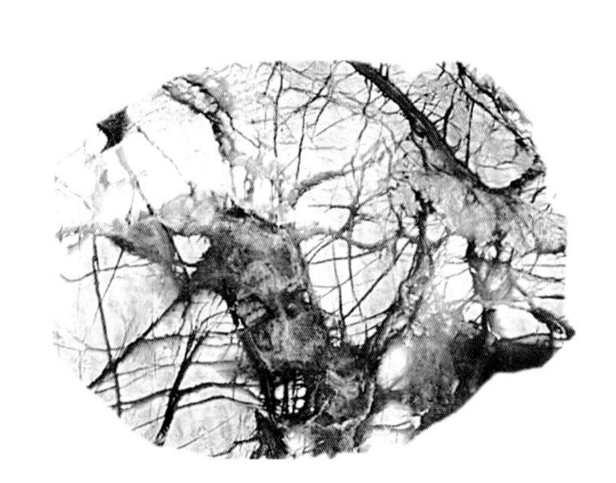

照片1-40　网脉状构造

### （三）眼球状构造

在云翠玉中，可见一些早期的矿物集合体团块被晚期的蛇纹石等周边交代包围，形成眼球状构造（照片1-39）。

### （四）网脉状构造

较少见，为晚期蛇纹石沿玉石裂隙充填形成（照片1-40），也有的为氧化带的次生含铁溶液，沿玉石裂隙浸染充填，形成网脉状构造。

# 第五节　营口玉的宝石学特征

## 一、颜色

根据玉石类型的不同，营口玉的颜色主要有绿色、绿白斑杂和黑色。颜色是决定玉石质量的最重要因素之一。绿色是营口玉的主要颜色，翠绿玉和墨绿玉的基本色调均为绿色。绿色调基础上颜色深浅可以有一定变化，有绿、深绿、灰绿、墨绿等，通常色调较深，较少出现岫岩玉的淡绿、淡黄绿色者。

蛇纹石玉的绿色通常被认为主要由其中组成矿物蛇纹石中的过渡离子$Fe^{2+}$所导致。$Fe^{2+}$含量越高，则绿色越深；而$Fe^{3+}$含量的增加，会导致玉石出现黄色调。云翠玉的斑杂颜色则是因为玉石中除了绿色蛇纹石外，还有一定量的白色碳酸盐矿物白云石、菱镁矿以及滑石和硼镁石等。而青铜玉的灰黑色显然是由于其中含一定量的橄榄石、斜硅镁石次要矿物以及少量的磁铁矿、磁黄铁矿等金属矿物。

## 二、透明度

透明度也是决定玉石质量的重要因素。透明度越高，一般玉石质量就越好。营口玉由于总体颜色相对较深，透光性相对较差，以半透明、微透明和不透明为主。翠绿玉可见半透明，墨绿玉、云翠玉以半透明、微透明为主，而青铜玉多微透明，甚至不透明。

影响透明度的因素主要是玉石的结构、质地。质地越细腻，透明度越好。玉石的结构包括组成矿物的颗粒大小、排列方式以及结合的紧密程度。结合得越紧密，颗粒越细小，其质地越细腻，透明度就越好。等粒结构的透明度通常好于不等粒结构。颗粒排列方式对透明度的影响也很重要，对于蛇纹石这种各向异性的矿物，不同方向有不同的折射率。如果不同个体以不同折射率方向接触，光线在接触界面处会发生折射、散射，就会影响光线的透过，从而降低透明度；若不同个体以相同折射率方向接触，接触面两侧矿物折射率相同，相当于没有光线传播的间断面，光线会直接透过，就不会降低透明度，因此具定向排列的结构通常透明度较好。此外颜色深浅也影响透明度，颜色越深，说明其对可见光吸收得越多，其透明度显然就越差。其他影响透明度的因素还包括杂质、裂隙等，杂质、裂隙都会使玉石的透明度降低。

## 三、光泽

光泽对玉石的质量也有影响。营口玉从标准光泽级别上大多属于玻璃光泽，少部分青铜玉因含一定量的金属矿物，接近半金属光泽。部分玉石由于一些特殊的结构特点，导致玉石出现树脂光泽、蜡状光泽。

## 四、硬度

硬度对玉石的品质有重要影响。由于蛇纹石、碳酸盐矿物的硬度较低，营口玉总体硬度较低，但部分青铜玉硬度略高。利用显微硬度计，对代表性的营口玉样品进行了显微硬度测定，按公式换算后的摩氏硬度值列于表1-12。翠绿玉、墨绿玉、云翠玉的硬度范围为3.4～4.4，平均3.8；青铜玉的摩氏硬度为4.5～5.0，平均4.8。

## 五、密度

利用天平，对代表性营口玉样品进行了密度测定，结果列于表1-12。营口玉的密度范围变化较大，为2.57～3.03g/cm$^3$。不同类型的营口玉密度不同，翠绿玉和墨绿玉密度在2.57～2.65g/cm$^3$，云翠玉的密度为2.57～2.60g/cm$^3$，青铜玉则为2.92～3.03g/cm$^3$。

## 六、折射率

利用宝石折射仪测定了代表性营口玉的折射率，结果显示，营口玉的折射率为1.55～1.58，为蛇纹石的典型折射率值，见表1-12。这表明其他矿物对玉石的折射率影响不大。

## 七、磁性

作为营口玉中的一个独特类型，青铜玉中常含一定量的磁性矿物，如磁铁矿、磁黄铁矿等。利用磁铁对13件青铜玉的磁性的定性和半定量测定结果表明，其磁性差别较大，可以呈强磁性，也可以为无磁性。这是由各样品含磁性矿物（磁铁矿和磁黄铁矿）的量不同而决定的，多则磁性强，反之则弱（王时麒等，2007a）。其他营口玉均不显磁性。

**表1-12　营口玉的硬度、密度和折射率测试结果**

| 样号 | A-1 | A-2 | B-1 | B-2 | C-3 | C-7 | C-9 | C-10 | D-4 | D-6 |
|---|---|---|---|---|---|---|---|---|---|---|
| 密度/g/cm$^3$ | 2.62 | 2.63 | 2.65 | 2.57 | 2.92 | 2.95 | 3.03 | 2.94 | 2.60 | 2.57 |
| 折射率 | 1.56 | 1.56 | 1.55 | 1.57 | 1.56 | 1.57 | 1.58 | 1.56 | 1.56 | 1.56 |
| 硬度 | 3.7 | 3.4 | 4.4 | 3.9 | 4.5 | 4.7 | 4.9 | 5.0 | 3.4 | 3.9 |

## 第六节　营口玉与岫岩蛇纹石玉的比较

营口大石桥后仙峪与著名的蛇纹石玉产地岫岩属于同一大地构造位置。产出的蛇纹石玉既有相似性，同时也各具特色。

从玉石产出的地层上看，岫岩北瓦沟蛇纹石玉赋存于大石桥组地层中（王时麒等，2007b），而后仙峪蛇纹石玉则赋存于里尔峪下部岩系中（郦志波等，2006）。从区域地层层位上看，里尔峪组是辽河群最下部层位，其中变质火山岩发育，而大石桥组则处于辽河群的较上层位，其中碳酸盐质大理岩更为发育。这就使得两地的蛇纹石玉表现出一定差异。

营口蛇纹石玉的A、B类与岫岩的绿色蛇纹石玉相似，但是颜色偏深，少见岫岩蛇纹石玉中淡绿、黄绿色。蛇纹石的化学成分上也有差异。前者含铁量相对较高，而后者蛇纹石中的FeO含量多在2%以下。

D类云翠玉的外观与岫岩的甲翠（也称岫翠）类似。但两者的矿物组成明显不同，甲翠的主要矿物组成为蛇纹石和透闪石，而云翠玉的矿物组成除了主要的蛇纹石外，白色部分不见透闪石，代之以菱镁矿、硼镁石和滑石，并出现黑色硼镁铁矿。

C类青铜玉是营口蛇纹石玉的一个特殊品种，深绿、灰绿、墨绿色，透明度相对较差，硬度则偏高。矿物组成除了富铁蛇纹石外，含20%以上的橄榄石，并含斜硅镁石、滑石、水镁石、菱镁矿、白云石等，同时含磁铁矿、磁黄铁矿、黄铁矿等金属矿物相对较多，具有较强的金属质感，适于仿青铜器（王时麒等，2007a）。

# 第二章

# 营口玉矿床的地质特征与成因

# 第一节　营口玉矿床区域地质特征

## 一、区域地层

营口玉产于辽宁省营口市大石桥市后仙峪。该区所处大地构造位置属于中朝准地台胶辽台隆营口至宽甸台拱西端南侧的虎皮峪倾没背斜的南翼。区内出露变质岩系，自下而上为里尔峪组、高家峪组、大石桥组和盖县组，见图2-1，各组地层主要岩性特征分述如下：

### （一）里尔峪组

上部浅粒岩段主要岩性为钠长浅粒岩、磁铁浅粒岩、电气石浅粒岩和透闪透

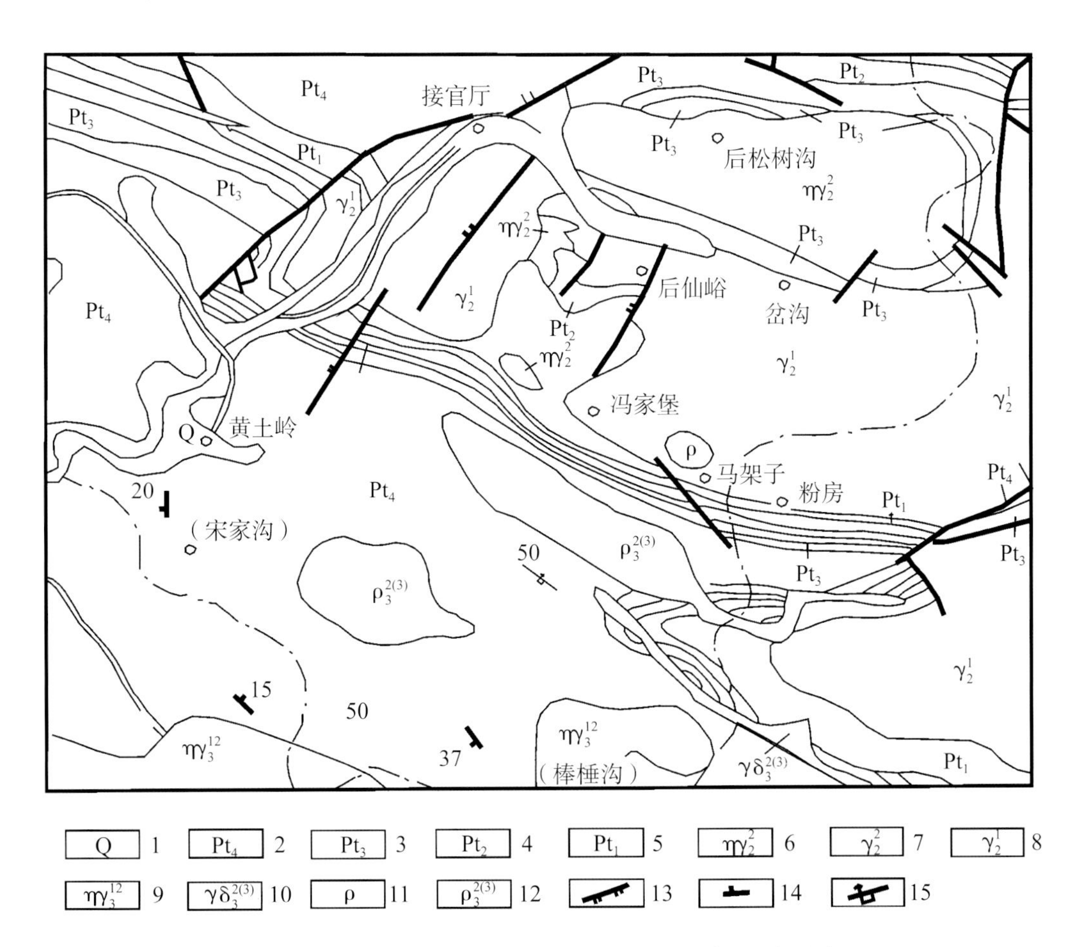


图2-1　营口东部区域地质示意图[据王殿忠等（2000）改编]
1. 第四系　2. 盖县组：板岩、片岩、千枚岩、片麻岩　3. 大石桥组：菱镁岩、白云石大理岩、二云片岩　4. 高家峪组：二云片岩、碳质板岩夹大理岩　5. 里尔峪组：变粒岩、浅粒岩夹大理岩　6. 二长花岗岩　7、8. 花岗岩　9. 黑云二长花岗岩　10. 花岗闪长岩　11、12. 伟晶岩　13. 逆断层　14. 产状　15. 倒转产状

辉大理岩；下部变粒岩段主要岩性为角闪变粒岩、角闪电气变粒岩、黑云电气变粒岩，后者夹斜长角闪岩和镁质大理岩透镜体。本组的原岩建造为富含硼的中酸性火山沉积建造，夹富含镁的碳酸盐岩建造，赋存有硼矿、铁矿、玉石、磷矿等。本组的变质相属铁铝榴石角闪岩相，普遍遭受混合岩化作用，形成以钾交代为主的条痕状混合岩、均质混合岩等。

### （二）高家峪组

上部为黑色碳质千枚状板岩夹含碳质石英方解石大理岩；中部为碳质大理岩与白云片岩，含石榴二云石英片岩、黑云片岩、黑云斜长变粒岩等，局部地区有磷矿化。本组的原岩建造为富含碳质的黏土－半黏土质岩沉积建造，变质相属铁铝榴石角闪岩相，普遍遭受混合岩化作用，形成各种混合质岩石，长英质混合脉体发育。

### （三）大石桥组

上部岩段为白云质大理岩夹菱镁矿，顶部夹方解石大理岩；中部岩段为二云片岩、十字蓝晶二云片岩、石榴十字黑云片岩、黑云变粒岩，夹条带状大理岩、透闪透辉岩。

下部岩段为条带状方解大理岩，夹透闪岩及透闪透辉岩。本组的原岩建造为碳酸盐岩夹黏土质岩沉积建造，赋存玉石、滑石和石棉等矿产。变质相属铁铝榴石角闪岩相。

### （四）盖县组

上部岩段为硬绿泥石千枚岩、千枚岩，夹变质粉砂岩、石英岩；中部岩段为十字二云片岩、夕线十字二云片岩，夹石英岩；下部岩段为夕线二云片岩，夹二云变粒岩、黑云变粒岩等 。本组变质作用具有一定分带性，变质相属绿片岩相－铁铝榴石角闪岩相。普遍遭受混合岩化作用，多形成黑云母混合岩，长英质脉体发育，局部地区赋存低品位磷矿和锰矿。

上述各岩组特征见表2-1。

表2-1　本区辽河群各岩组特征

| 界 | 群 | 组 | 变质岩石组合类型 | 变质建造 | 原岩建造 | 变质相 |
|---|---|---|---|---|---|---|
| 元古界 | 辽河群 | 盖县组 | 千枚岩、变质粉砂岩、石英岩、十字二云片岩、夕线二云片岩、二云变粒岩、黑云变粒岩 | 片岩建造 | 黏土－半黏土质岩沉积建造 | 绿片岩相－铁铝榴石角闪岩相 |
| | | 大石桥组 | 白云质大理岩夹菱镁矿、方解石大理岩、透闪石大理岩、透闪透辉岩、二云片岩、十字蓝晶二云片岩、石榴十字黑云片岩、黑云变粒岩 | 大理岩建造 | 碳酸盐岩夹黏土岩沉积建造 | 铁铝榴石角闪岩相 |
| | | 高家峪组 | 碳质千枚状板岩、含碳质石英方解石大理岩、白云片岩、含石榴二云石英片岩、黑云片岩、黑云斜长变粒岩 | 含石墨片岩变粒岩建造 | 含碳质黏土－半黏土质岩沉积建造 | 铁铝榴石角闪岩相 |
| | | 里尔峪组 | 钠长浅粒岩、磁铁浅粒岩、电气石浅粒岩、角闪变粒岩、角闪电气变粒岩、黑云电气变粒岩、斜长角闪岩、镁质大理岩 | 含电气石钠长变粒岩夹大理岩建造 | 中酸性火山沉积建造夹镁质碳酸盐岩建造 | 铁铝榴石角闪岩相 |

## 二、区域构造和混合岩

区内混合杂岩分布广泛，构成虎皮峪倾没背斜的核部。虎皮峪倾没背斜轴向300° 左右，南东开阔北西收缩，向西倾没于于家堡子、大沟一带，倾没角80° 左右。两翼地层由老到新依次出现。北翼倾向北东；南翼倾向南西，倾角40° ～80° 。虎皮峪东经后仙峪矿区直到冯家堡子、马架子一带地层倒转，倾没北东，并在此基础上地层发生褶曲呈“S”形突向背斜轴部。后仙峪硼矿和玉石矿床即赋存在该背斜之倒转翼部的次一级构造——后仙峪翻转向斜的转折端。区内断裂甚多，尤以北西和北东两组最为发育，性质多属高角度的正断层，平移断层、逆断层不多。两翼地层普遍遭受混合岩化作用，混合岩从里到外分为混合花岗岩、均质混合岩和间层状混合岩。混合花岗岩主要见于背斜的核部、北部和转折端，其他零星出露，如松树沟花岗岩、海龙山花岗岩及南天门岭花岗岩。脉岩主要有斜长角闪岩、煌斑岩、闪长岩、伟晶岩及石英脉等。

# 第二节 营口玉矿区地质特征

## 一、矿区地层

后仙峪硼、玉石矿床位于虎皮峪倾没背斜南侧倒转翼次一级褶皱构造后仙峪翻转向斜的转折端（照片2-1、2-2、2-3）。矿区面积2.8km$^2$，其北东、东及南三面约2/3的范围被混合杂岩占据，中部及西北部有里尔峪组底部岩层分布，硼和玉石矿床即赋存其间所夹镁质大理岩中。矿区岩层普遍遭受混合岩化作用，北西向断裂极为发育，晚期中至酸性岩脉普遍分布，见图2-2。

矿区出露地层主要为里尔峪组，根据岩石特征可细分为七层，由老至新叙述如下：

### （一）上部黑云母变粒岩、透闪石化浅粒岩

本层为矿化带顶板围岩，平均层厚23m。透闪石化浅粒岩有时单独成层，出现在该层的上部与矿化带直接接触，有时又与黑云母变粒岩为互层状产出。

黑云母变粒岩为褐色，中细粒状，由微斜长石（30%～60%）、石英（10%～15%）、黑云母（15%）和少量钠长石组成，电气石微量。

透闪石化浅粒岩为浅灰绿色，条带状构造，由微斜长石（80%）、透闪石（10%）及少量更长石、阳起石、角闪石、绿帘石和石英组成，另有微量榍石和锆石。

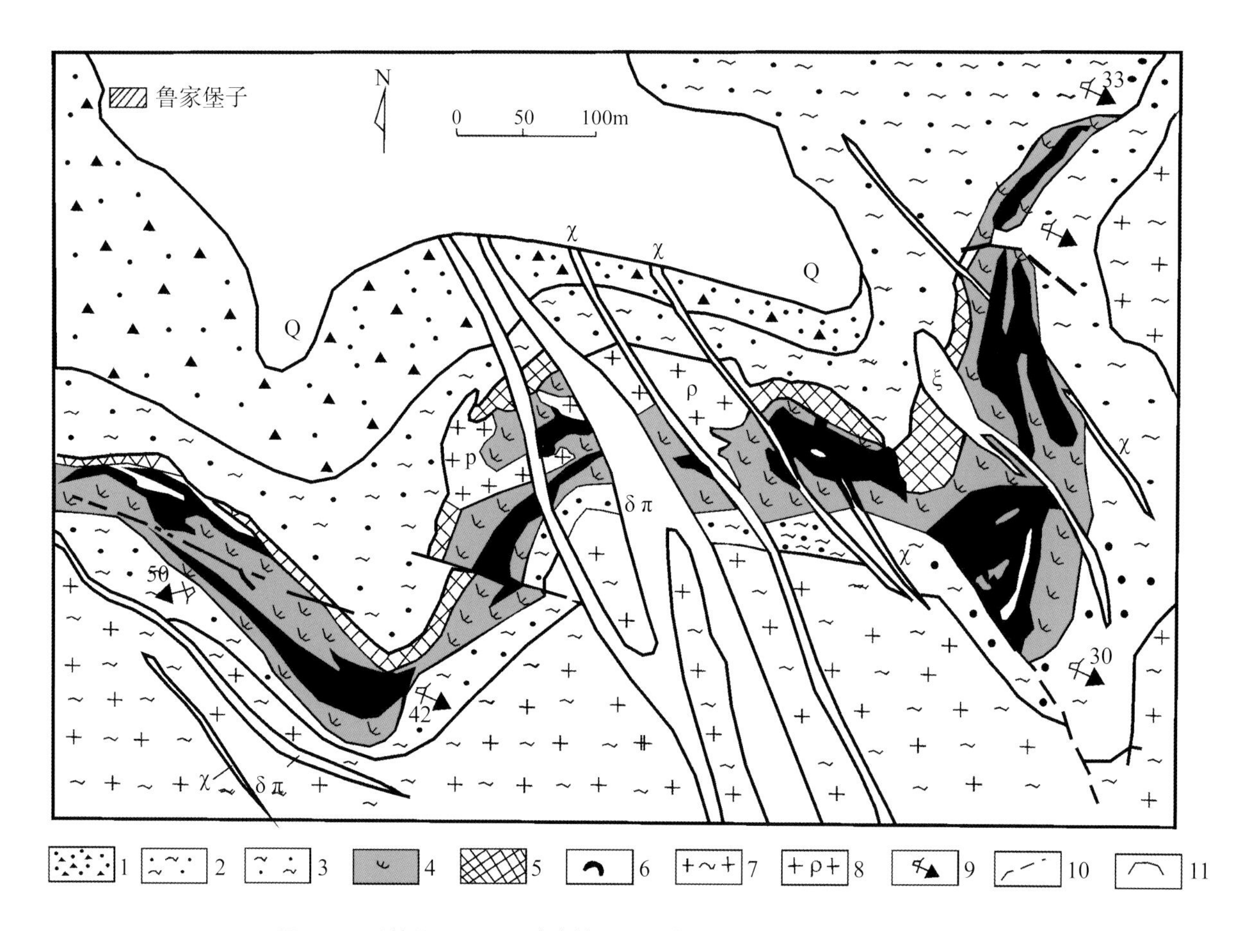


图2-2 后仙峪硼和玉石矿床地质略图 [据王翠芝（2006a）改编]
1. 电气石变粒岩夹黑云变粒岩 2. 浅粒岩 3. 变粒岩 4. 蛇纹石化镁橄榄岩及镁质大理岩（含玉矿）
5. 电英岩 6. 硼矿体 7. 片麻状花岗岩 8. 伟晶岩 9. 地层产状 10. 推测断层 11. 地质界线
Q. 第四系 δπ. 闪长玢岩 χ. 斜长煌斑岩 ξ. 闪长岩

照片2-1 后仙峪硼矿和营口玉矿矿区概貌

照片2-2 后仙峪硼矿和营口玉矿正在开采的矿洞

## （二）镁质大理岩矿化蚀变带

矿化带是指与硼、玉石矿化有关的一套蚀变岩石，其中包括硼矿和玉石矿在内，它是由原镁质大理岩经过多期蚀变矿化作用改造而成。从现在来看，因受强烈的气热交代蚀变作用，原镁质大理岩面貌全非，只呈残留体状态，且多保存在矿化带的边缘。

照片2-3 后仙峪营口玉矿产出巨大玉矿体的矿洞（玉佛洞）洞口

## （三）下部黑云变粒岩

为矿化带底板围岩，厚17～30m。岩石为褐色、灰白色，略显片麻状构造，细粒结构，由钾长石（45%～50%）、斜长石（15%～20%）、黑云母（5%左右）、石英（10%～15%）组成，局部含电气石、磁铁矿及黄铁矿。

## （四）富电气石变粒岩

富电气石变粒岩层厚一般10～15m，最厚可达

21.5m，分布不稳定，似层状产出。本层局部由于长英质脉体注入，构成花斑状富电气石变粒岩。该层为黑色，块状构造，中、细粒结构，由石英（55%～60%）、电气石（35%～40%）及少量微斜长石组成，磷灰石、磁铁矿、黑云母微量。

### （五）黑云母电气石变粒岩

层厚平均19m。岩性为灰色，细粒状。由钠长石（55%～60%）、石英（20%）、电气石（10%～15%）及黑云母（5%～10%）组成，该层内常有电气石变粒岩夹层。花岗质小脉体发育，多顺层插入，边部电气石、黑云母聚集。

### （六）黑云母片麻岩

平均层厚18.4m。该岩石呈黄褐色，片麻状构造明显，中粒结构，由微斜长石（35%～40%）、钠长石（20%）、石英（15%）、黑云母（20%）及少量电气石组成。局部夹黑云母电气石变粒岩薄层。

### （七）电气石变粒岩

矿区出露最大宽度为400m。该岩石呈灰黑色，细粒结构，由微斜长石（40%～50%）、更-钠长石（20%～30%）、石英（20%）、电气石（10%～20%）组成。

上述岩层没有明显分界线，均系整合渐变接触关系。

## 二、矿区构造

### （一）褶被构造

后仙峪翻转向斜为虎皮峪倾没背斜上次一级的褶皱构造，轴向130°～135°，两翼岩层由新到老依次对称出现，再往外围为大面积混合杂岩分布。翻转向斜转折端位于鲁家堡子北沟，位于8～15号勘探线之间。硼矿和玉石矿即围绕整个向斜分布，但尤以转折端矿床富集最好。岩层产状波浪起伏，从东到西倾向为：张虎沟70°—东王山45°—营后沟60°～70°—火燎沟85°—鲁家堡子北沟125°～130°—会山170°—鲁家堡子南沟200°～230°—刘家台东山120°～150°。倾角较缓，一般为20°～30°。局部受断层影响，地层产状零乱。

从揭露出的地下钻探资料可见，岩层沿倾斜方向并非平直，受构造挤压的影响表现为不同程度的波状起伏，尤以东部矿区最为显著。

### （二）断裂构造

矿区内断层比较发育，主要有7条，现分述如下：

#### 1. F1断层

位于矿化带西端，由刘家台东山到鲁家堡村南头。断层出露长800m左右，走向北东—南西，略呈弧状，倾向125°～130°，倾角50°～70°，性质为正断层。该断层北西侧尚有一条性质不明的推测断层，长450m左右，与前者斜交，很可能是前述断层的分支。

本断层贯穿全区，切穿各岩层（但对矿化带无甚影响），西北盘相对向南西做剪切运动，水平错距400m左右。断层带宽10～15m，岩石破碎，多具棱角擦痕。

### 2. F2断层

位于矿区西南角，刘家台东沟里。从地形上显示为斜长的凹陷，CK124、CK105孔均见到破碎带，带宽一般在6m左右，在XXⅧ线剖面上岩层有明显的落差。推测断层长约350m，走向近于东西，倾向北，倾角40°～45°。据CK124孔证实，垂直断距45m左右，上盘上升，推测为逆断层。

### 3. F3断层

位于西采场附近IX至XIX勘探线，见图2-3。断层长约230m，走向115°，倾向南西，倾角60°～70°，上盘下降，断距大于15m，性质为一正断层。断层带宽3～10m，在西采场第三开采面上显露较清楚，岩石破碎并见长英岩脉、电气石岩脉等充填其中以及晚期生成大量的透闪石、金云母、滑石。该断层错断了①号矿体。

### 4. F4断层

位于东开采场附近Ⅲ-V勘探线间，走向东西，约100°，倾向北东，倾角50°～60°，局部近于直立。于V勘探线剖面上显示垂直断距30m左右，相对水平错距约10m，性质为一正断层。据III150、III155浅井控制，破碎带宽3m，其间为长英岩、电气石岩充填，金云母发育，此外见蛇纹石化大理岩及透闪石金云母岩角砾，具明显擦痕。该断层破坏了④号矿体。

### 5. F5断层

位于鲁家堡子北沟VI-XII勘探线间，走向北西—南东呈拉长的“S”形，倾向南西240°左右，倾角60°～70°。断层长300m左右，破碎带宽5～13m，有煌斑岩脉充填，垂直断距大于10m（根据剖面推测），水平错距100m左右，性质为一高角度的逆断层。该断层破坏了⑤号矿体。

### 6. F6断层

位于XX～XVIII线间，走向近北东45°。实测长度44m，破碎带宽4～5m，倾向335°，倾角80°，为一高角度正断层。

### 7. F7断层

位于⑤号矿体XXIV至XXVI勘探线间，K80探槽南侧。实测长约80m，断层走向100°，倾向北东，倾角70°左右，性质为一横切矿体的逆断层。

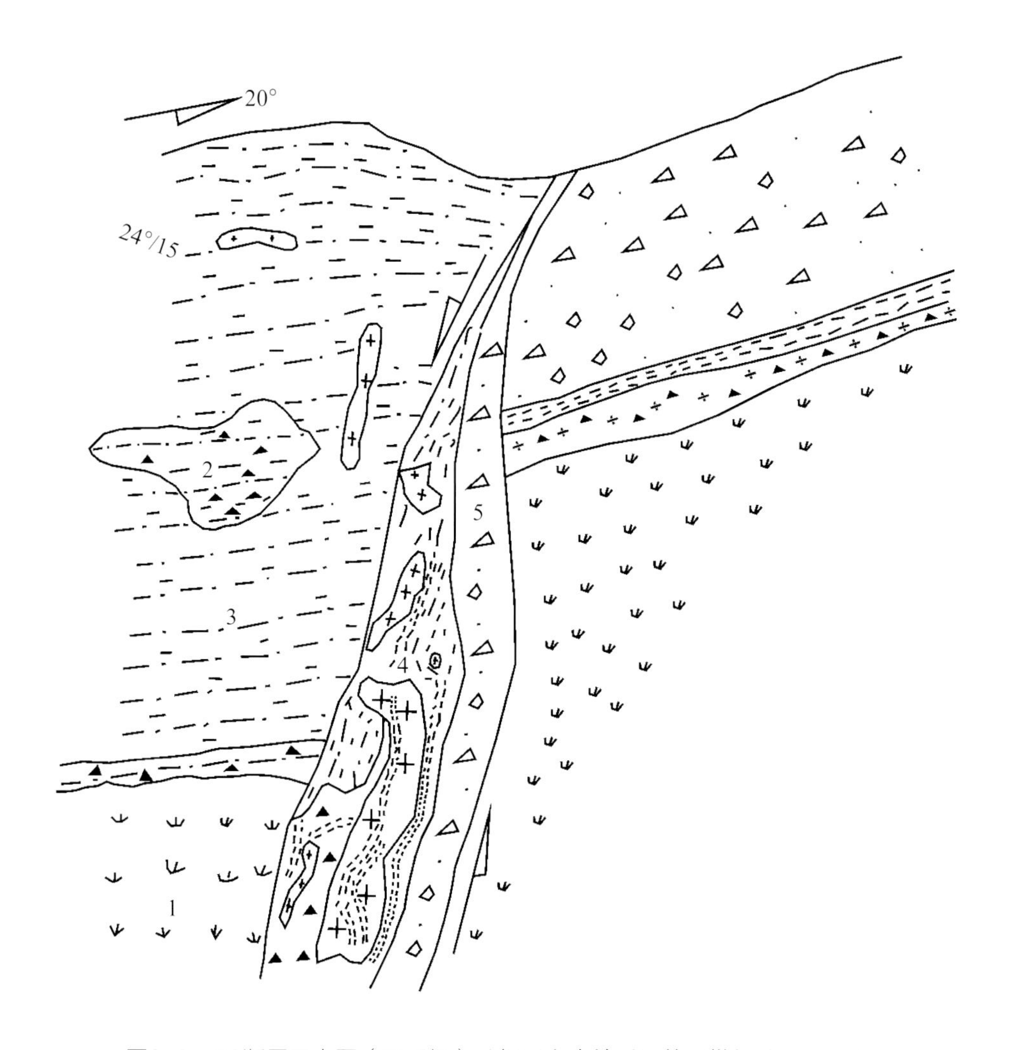


图2-3　F3断层示意图（西采场）（据辽宁省地质局第五勘探队，1966）
1.蛇纹石化硅镁岩　2.电气石岩　3.黑云母变粒岩　4、5.断层破碎带及长英脉和金云母透闪岩

上述断层均为成矿后断层。除F1断层外，均切割矿体，并产生位移，因此破坏矿体，给今后开采带来很大困难。

除上述7条主要断层具有明显的错距外，其他小断裂亦很发育，但表现得不十分明显，对矿体影响不大，这里就不逐一叙述。

除上述横切矿体的断裂外，于西开采场还有沿矿化带底板的层间滑动。这种层间滑动很可能为矿化前产生，但成矿后继续有所发展，如矿化带与黑云母变粒岩间有滑动，滑动面产状与矿化带产状近于一致，破碎带宽1m左右，带内有石英电气石岩的豆荚体及滑石、透闪石等，片理明显，边部黑云母变粒岩产生小的挠曲和拖褶皱。

## （三）节理

以剪切节理为主，张节理次之。一百个节理资料统计结果表明节理与断裂方向一致，以北西、北东两组最发育，北西西一组次之。见图2-4。

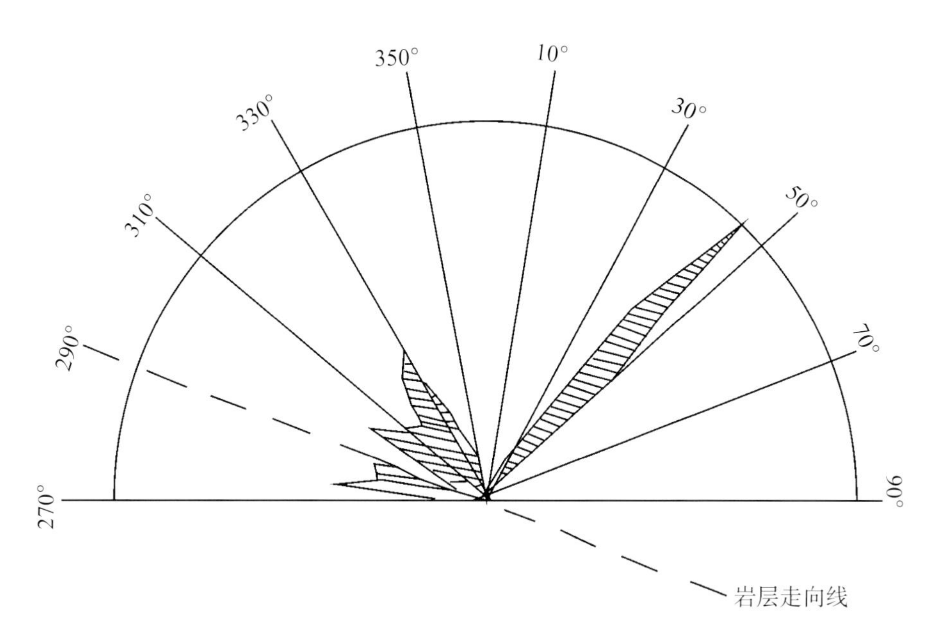


图2-4　节理统计图（据辽宁省地质局第五勘探队，1966）

### （四）构造与矿体的关系

后仙峪翻转向斜是成矿的有利构造。伴随这种褶皱的发生，产生了一系列的垂直层面呈扇面分布的断裂系统，并产生沿层面活动的空间，给矿液提供了有利的通道。成矿后二次构造，继承了早期的构造系统，使之更加复杂化，部分又破坏了矿体。

## 三、脉岩

矿区中酸性脉岩发育，分布普遍。其中尤以闪长玢岩和闪斜煌斑岩最为发育。脉体规模一般很大，呈岩墙状，多有分枝复合现象，贯穿整个矿区，因此破坏矿体并占据矿床位置，如④号矿体、③号矿体脉岩最为集中。据钻孔资料证实，脉岩对矿床仅起到机械切割破坏作用，对矿石质量无甚影响。矿区中基性岩脉受构造裂隙绝对控制，走向均呈北西—南东向分布，倾角较陡，倾向北东、南西均有。即便同一岩脉倾角、倾向也有很大变化。此外，矿区尚多见长英岩及电气石伟晶岩，主要分布在矿床底板。该岩脉可能与混合岩化作用有关，产状多呈脉状、细脉状或不规则的岩株状。兹分述于下：

### （一）斜长角闪岩

暗黑绿色，微具片麻状构造，中、粗粒结构，由角闪石、斜长石及少量黑云母组成。

### （二）角闪石岩

灰黑色，粗粒，似片麻状，由角闪石及少量黑云母、长石、石英组成，呈脉状残留于均质混合岩内。其形成是斜长角闪岩经混合岩化作用的结果，还是混合杂岩小侵入体的残留，尚待进一步研究。

### （三）闪斜煌斑岩

产状稳定，多呈北西-南东向延展。该岩脉破坏了矿化带和矿体的完整。产状基本有两种：

① 倾向47° ～50° ，倾角80° ～75° 。

② 倾向230° ～240° ，倾角75° ～60° 。

岩石呈暗黑色，煌斑结构，主要由斜长石、角闪石组成。后者多构成斑晶，含少量绿泥石、石英、绿帘石。

### （四）闪长玢岩

为矿区内规模最大、分布普遍的中酸性岩墙，最大一条纵贯全区，长达1100m，最宽处可达50m，其间多次分叉、汇合或成枝状。产状趋于一致，倾向55° ～60° 变化，倾角70° ～78° 。

岩石呈黑绿色，斑状，由斜长石、角闪石组成，含少量石英、绿泥石，斜长石多构成斑晶。局部横向分带较清楚，自内部至边缘，矿物结晶颗粒渐变细；沿纵向有时过渡为闪斜煌斑岩，对矿体有破坏作用。

### （五）长英岩

白色－灰白色，主要矿物为长石、石英，细粒花岗结构，脉状，具有交代性质，除地表分布外，多见于矿化带底板，顺层或斜交。

### （六）电气石伟晶岩

肉红色，花岗伟晶结构，主要矿物为微斜长石、石英，暗色矿物有电气石。该岩石具交代性质，多见于矿化带中段底板。

## 四、混合杂岩及混合岩化作用与成矿的关系

### （一）混合杂岩的岩石类型

#### 1. 角闪石混合岩类

分为角闪石混合花岗岩、角闪石均质混合岩和含磁铁矿角闪石均质混合岩三类。

### 2. 黑云母混合岩类

分为黑云母均质混合岩和黑云母混合岩两类。

### 3. 混合质变粒岩类

分为混合质黑云母变粒岩、混合质浅粒岩、混合质电气石变粒岩和混合质透闪石变粒岩四类。

### 4. 混合质交代脉岩类

分为微斜伟晶交代脉岩和长英质交代脉岩两类。

### （二）混合岩带的划分

分为混合花岗岩带、均质混合岩带、中细粒混合岩带和部分混合岩化带四类。

### （三）混合杂岩与邻岩的接触关系

混合杂岩基本是沿一定层位选择性交代生成的。混合杂岩与接触的围岩均见有宽窄不一的部分混合岩化带，接触界线一般平直整齐，片麻理与层理产状基本一致，局部略有小角度斜交，呈侵入交代接触关系。矿区地层倒转，混合岩呈“盖帽式”覆盖于变粒岩层之上。混合杂岩距矿化带10～50m，尚未见有切割矿化带的现象。

### （四）混合岩化作用与成矿的关系

区内岩层无不遭受混合岩化作用的影响。大量资料证明，本区里尔峪组地层原岩为一套富含硼元素的火山凝灰质及局部夹碳酸盐岩的沉积建造。硼矿和玉矿的成矿均与混合岩化作用有关。

## 第三节　营口玉矿床地质特征

长期以来，本矿区一直作为一个大型硼矿进行开采，蛇纹石玉仅作为硼矿的一种蚀变围岩而已。现在看来，硼矿和玉矿同属于一个成矿体系，赋存于一个矿化蚀变带内，具有共同的成因。两者紧密相随相伴，密不可分，是一对共生矿床或姊妹矿床。

### 一、矿化蚀变带的分布、形态和产状变化

矿化蚀变带是指包括硼矿和玉矿体在内的一套蚀变岩石系列，它是由原镁质大

理岩经过多期次蚀变矿化作用改造而成。

根据辽宁省地质局第五勘探队的资料，该矿区内地表出露的矿化蚀变带可分为五个，其分布地点分别为：

I号矿化蚀变带，分布于刘家台北东200m；

II号矿化蚀变带，分布于鲁家沟一带；

III号矿化蚀变带，分布于东王山一带；

IV号矿化蚀变带，分布于张虎沟一带；

V号矿化蚀变带，分布于冯家堡子至马架子一带。

其中前四个矿化蚀变带分布在后仙峪矿区1/2000图幅内，现就其延深形态和产状分述如下：

## （一）I、II号矿化蚀变带

I、II号矿化蚀变带经深部勘探，二者在地下联结，实为一个矿化蚀变带。

该带规模最大，矿化最好。该蚀变带西起刘家台东北沟，断断续续在XXIII勘探线以西出露，而在XXIII勘探线向东则连续出露，中经鲁家堡子南沟、鲁家堡子北沟，然后折向北至XXVIII勘探线为止。地表出露形态因受地形切割影响而呈“W”形。出露全长1580m，最宽164m，最窄12m，平均宽60m。

地下延深范围，为叙述方便可分成三段：

（1）西段（刘家台东北沟—VII线）

斜深200～300m，尖灭点标高350m左右，大致在钻孔CK124、CK103、CK105、CK56、CK107等工程一线附近。

（2）中段（VII—VIII线）

斜深100～250m，尖灭线大致在CK144、CK110、CK112工程一线，标高在350～400m左右。

（3）东段（XII—XXX线）

最大延深700m以上，一般300～400m。南侧根据CK69、CK92、CK116控制结果证明矿化蚀变到此已尖灭。XXX线以此经CK167孔证明矿化蚀变带亦无延展，但向东、北东方向经CK120、CK168、CK169、CK170等钻孔证明矿化蚀变带仍有延深。目前控制最低标高为250m。

I、II号矿化蚀变带为似层状，出露宽窄不一，顶底板起伏变化较大，无论沿走向或倾向均表现出这种特点。这种变化在百米左右，起伏高低之差在10～30m。矿化蚀变带形态的这种变化可能与后期构造有关，如褶皱作用过程中的塑性形变。

矿化蚀变带的产状基本与围岩层理一致。西段XXIII线以西：倾向160°～165°，倾角30°左右。XXIII线以东：倾向190°～200°，倾角26°左右。中段：倾向150°～170°，倾角27°左右。东段产状变化比较复杂。总的趋势是：由南（XII线）向北（XXX线）倾向由南东逐渐转向东到北东，为一连续递变的过程，如XII线附近倾向140°左右，XIII线以南120°左右，XX线附近90°左右，XXII线以北80°左右。倾角较缓，一般在15°～30°之间变化。

### （二）III、IV号矿化蚀变带

III号矿化带分布在东王山石砬下，南距II号矿化蚀变带地面尖灭点250m左右。该矿化蚀变带出露长150m，平均宽15m左右，走向北西—南东向，倾向45°～60°，倾角30°左右。IV号矿化蚀变带分布在张虎沟，距III号矿化带250m。该矿化带出露长100m，宽20m，产状不明，长轴方向近于南北。围岩产状倾向东，倾角25°～30°。于III、IV矿化带间，施工了CK165钻孔，控制斜深250m左右，仍见矿化蚀变带有12m，表明III、IV号矿化蚀变带地下可能连为一体，且有一定的延深。

## 二、矿体的产状和形态

### （一）硼矿体

硼矿体在I、II号矿化蚀变带中主要呈大小不一的透镜状，沿走向和倾向均有分叉和复合现象，局部膨胀和狭缩变化较大。有的在地表出露，有的则为地下隐状矿体。III、IV号矿化蚀变带中，地表及地下均未见硼矿体。

### （二）玉矿体

本区的蛇纹石玉矿体，总体上呈现为一个不完整的巨型层状体，其中含有许多大小不一的透镜状硼矿体及不规则状的橄榄岩和大理岩残留体，见图2-5、图2-6、图2-7。

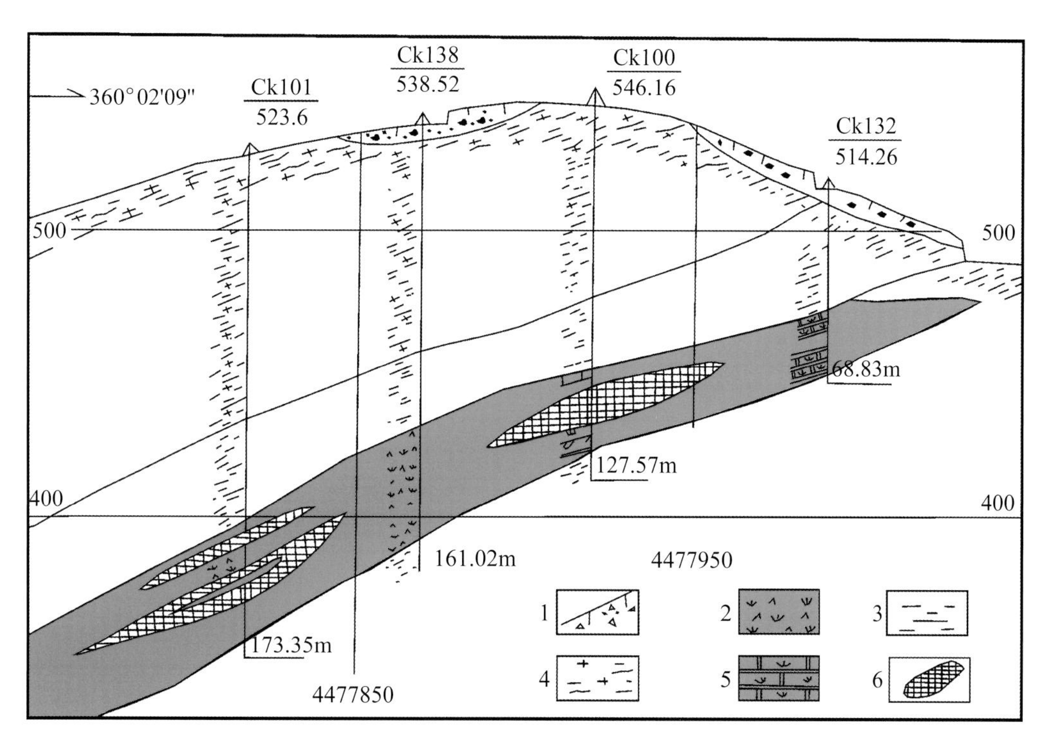


图2-5　后仙峪硼矿和玉石矿床沿XXVII勘探线剖面图 [据王殿忠等（2000）改编]
1. 残坡积层　2. 蛇纹石化镁橄榄岩　3. 黑云变粒岩　4. 黑云母花岗岩　5. 蛇纹石化大理岩　6. 硼镁石矿体

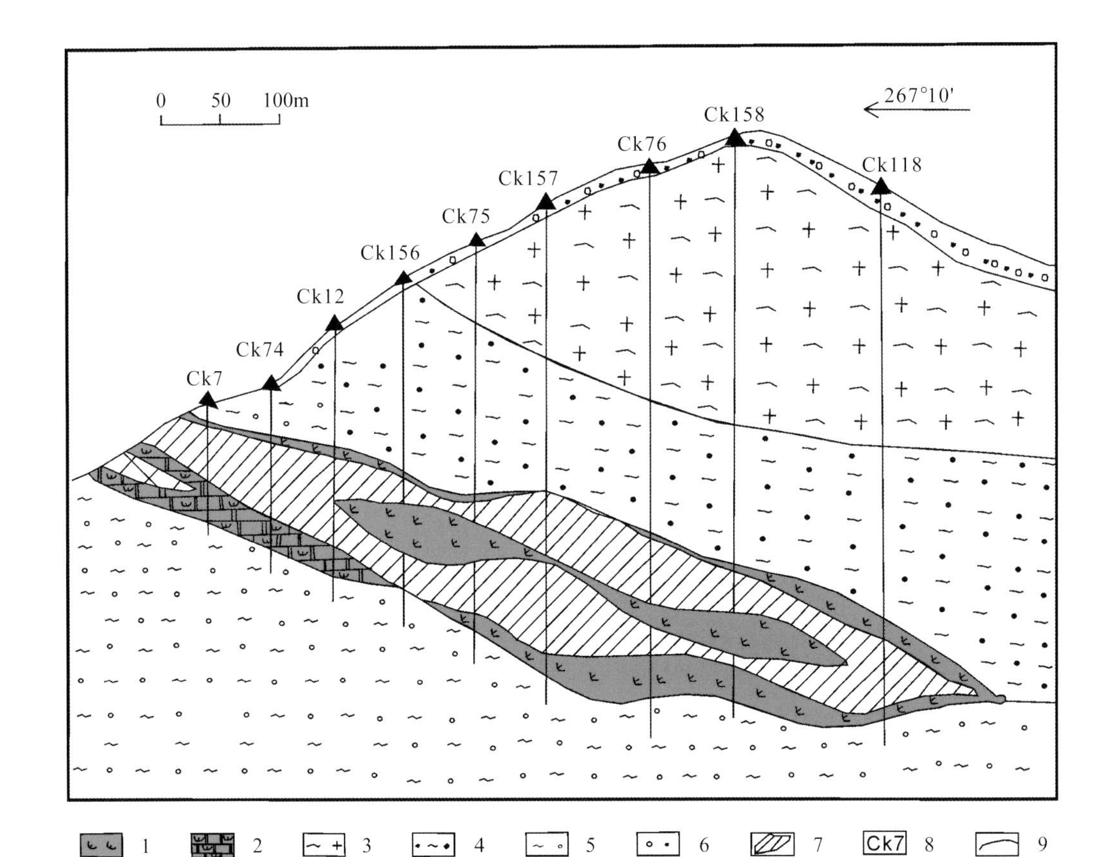


图2-6 后仙峪硼矿和玉石矿床XX号勘探线剖面图 [据王翠芝等（2006a）改编]
1. 古元古界蛇纹石化镁橄榄岩 2. 古元古界蛇纹石化镁质大理岩 3. 古元古界片麻状花岗岩
4. 古元古界黑云变粒岩 5. 古元古界浅粒岩 6. 第四系 7. 硼矿体 8.钻孔号 9.地质界线

后仙峪蛇纹石玉矿蕴藏着大块甚至巨大的玉石原料，已发现最大的玉料约2065t，重达十吨至上百吨的块体已开采出数十块（照片2-4、2-5、2-6），几吨重的玉料更是不胜枚举（照片2-7）。原料块体巨大是本玉矿玉石的重要特点之一，也是其优势之一。

照片2-4 重约180t的营口玉玉料

照片2-5 重约22t的营口玉玉料

照片2-6　重约13t的营口玉玉料

照片2-7　数吨重的营口玉玉料

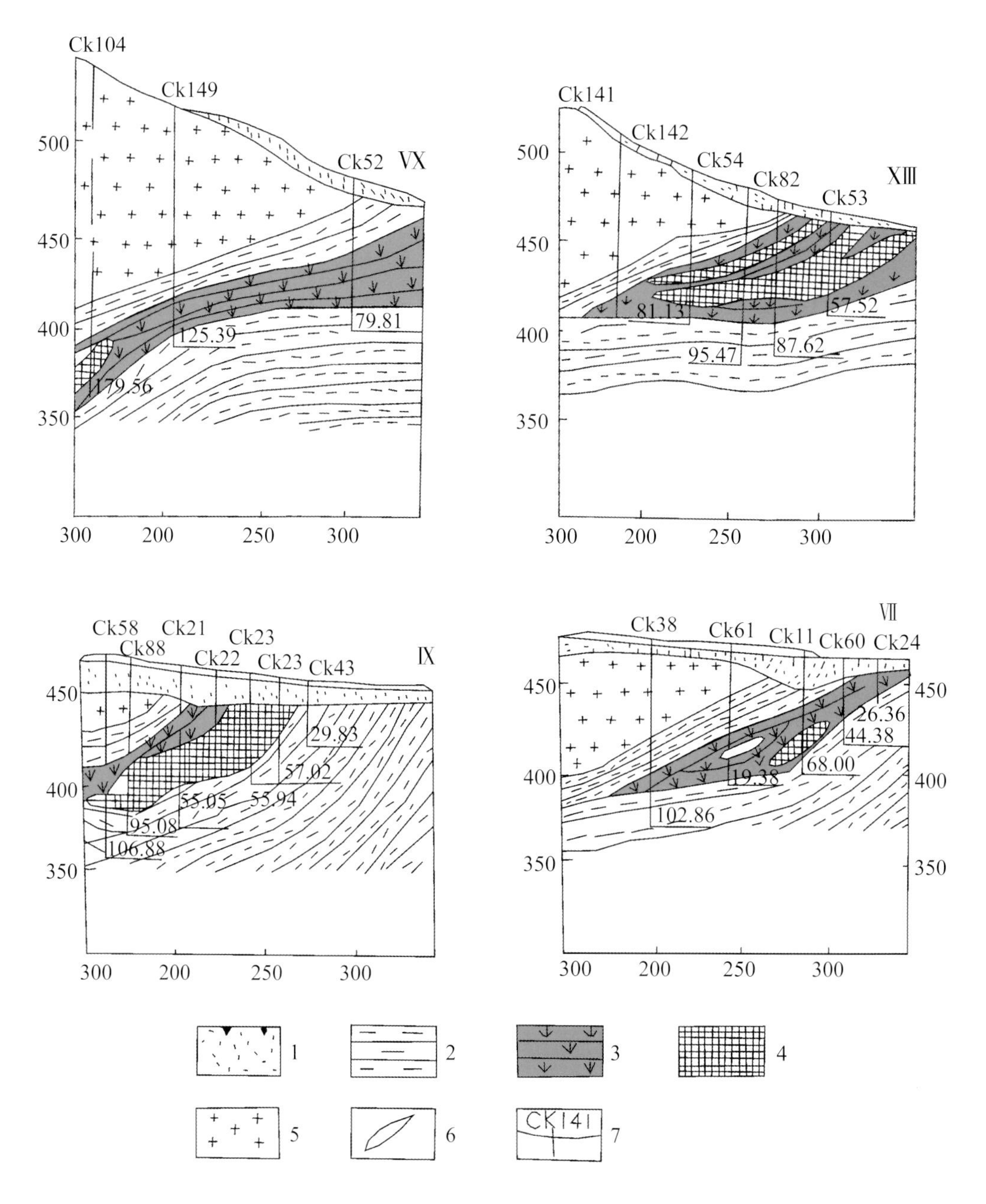


图2-7　后仙峪硼矿和玉石矿床剖面立体图［据王殿忠等（2000）改编，单位：m］
1. 第四系残坡积物　2. 黑云母变粒岩　3. 蛇纹岩、蛇纹石化大理岩未分　4. 硼矿床
5. 混合花岗岩　6. 伟晶岩脉　7. 施工钻孔及编号

## 三、围岩蚀变类型

围岩在热液作用下所发生的种种变化称为围岩蚀变。围岩蚀变的种类很多，人们通常是根据蚀变作用所产生的矿物种类或岩石种类予以命名，如绢云母化、绿泥石化、夕卡岩化、云英岩化等；有时则根据蚀变过程中加入的特征元素来命名，如钾化、钠化、硅化等。

本矿区的硼矿和玉矿同产于镁质大理岩矿化带中。矿化时，镁质大理岩遭受了强烈的蚀变，形成了多种蚀变矿物类型，如镁橄榄石化、硅镁石化、金云母化、透闪石化、硼镁石化、蛇纹石化、水镁石化、滑石化、绿泥石化、黄铁矿化、磁铁矿化、磁黄铁矿化等。同时，蚀变作用也波及延展到与矿化带直接接触的顶底板变粒岩中。蚀变类型主要有金云母化、透闪石化和电气石化，局部尚见透辉石化。这些围岩蚀变类型在矿物化学成分上均以含镁为特征，为一套镁质矿物组合。此外，这些蚀变类型还有一个很大的特点，即在空间上往往表现出明显的带状分布，见图2-8。硼矿也好，玉矿也好，实质上是一种围岩蚀变类型，与其他围岩蚀变类型不同的是其中有用物质富集程度比较高，达到了工业上或产业上的要求标准，因此称为矿化体或矿体，构成硼矿床和玉矿床。

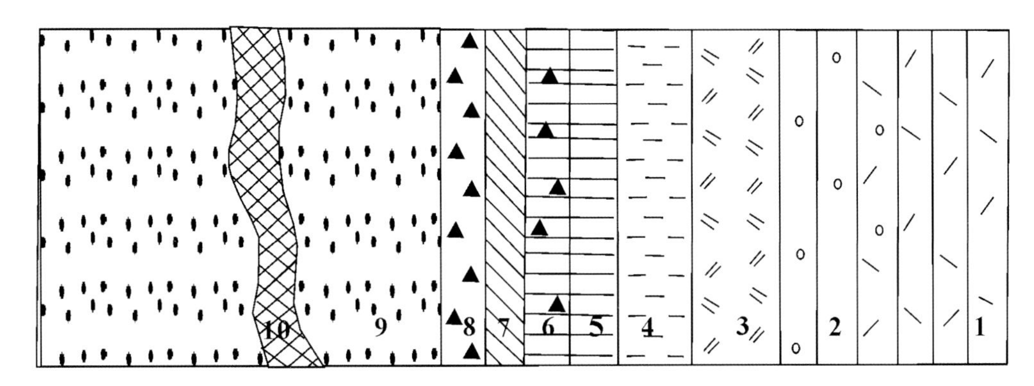


图2-8　后仙峪矿区矿体底板综合蚀变分带［据张秋生（1984）］

1. 遂安石蛇纹石化镁橄岩带　2. 遂安石硼镁石蛇纹石化镁橄岩带　3. 金云母蛇纹岩带　4. 金云母滑石化蛇纹石化大理岩带　5. 金云母透闪石岩带　6. 电气石金云母透闪石岩带　7. 金云母岩带　8. 电气石岩带　9. 金云母化电气石变粒岩带　10. 透闪石脉

在这里，我们谈一点对本矿区橄榄石成因的看法。在前人研究文献中对本矿区橄榄石有三种不同观点，即变质成因（冯本智等，1995）、岩浆成因（王翠芝等，2006b）和交代成因（王培君，1980）。我们认为，从宏观上来看，辽东地区的这种橄榄石只分布在与硼矿化和蛇纹石玉矿化有关的镁质大理岩层的矿化带中，如大石桥的后仙峪硼矿、凤城的翁泉沟硼矿、宽甸的砖庙硼矿和丹东的蛇纹石玉矿以及岫岩的蛇纹石玉矿，而在区域中众多的未矿化的镁质大理岩中则基本未见，所见的主要是区域变质的透闪石大理岩。因此，认为橄榄石是区域变质重结晶的观点缺乏事实根据。同样，在区域中没有硼矿化和玉矿化的地方，也没有发现该时代由这种镁橄榄石组成的超基性侵入岩体。另外，从微观上来看，所测试的多个蛇纹石化橄榄岩样品的微量元素数据显示其Cr、Ni、Co等特征元素甚低，不符合侵入超基性岩的性质。因此，岩浆成因的说法也不能成立。

总的来看，我们认为热液交代成因的观点是比较合理的，即镁质大理岩当遭受富硅的高温气液流体交代时可形成橄榄石。其反应式可表示如下：

$2Mg[CO_3]+SiO_2 \longrightarrow Mg_2[SiO_4]+2CO_2\uparrow$

菱镁矿　　　　　　镁橄榄石

$2CaMg[CO_3]_2+SiO_2 \longrightarrow Mg_2[SiO_4]+2Ca[CO_3]+2CO_2\uparrow$

白云石　　　　　　　镁橄榄石

## 四、成矿期及成矿阶段

热液矿体的形成常常是在一个相当长的时间内，由含矿热液多次反复作用形成的，与持续的阶段性构造活动以及物理化学条件不断变化过程均有关，因此在热液成矿作用中常常表现为多期性和多阶段性。

成矿期代表一个较长的成矿作用过程，可根据显著的物理化学条件变化来确定。成矿阶段代表一个较短的成矿作用过程，是指一组或一组以上的矿物在相同或相似的地质和物理化学条件下形成的过程。成矿阶段是与构造裂隙的阶段性发育及与此有关的含矿热液的间歇性活动有关。

本矿区热液蚀变范围广泛，矿化规模较大，蚀变矿物种类较多，形成了硼矿和玉矿等多种矿床。根据明显的交代蚀变作用可将本矿区的成矿作用划分为成矿前变质期和热液成矿期，热液成矿期又可细分为高温气成阶段、中温热液阶段和低温热液阶段，见表2-2。

表2-2　矿区成矿期和成矿阶段划分表

| 成矿阶段 / 矿物成分 | 成矿前变质期 | 热液成矿期 | | |
|---|---|---|---|---|
| | | 高温气成阶段 | 中温热液阶段 | 低温热液阶段 |
| 白云石 | —— | | | |
| 菱镁矿 | —— | | | |
| 橄榄石 | | —— | | |
| 透辉石 | | —— | | |
| 斜硅镁石 | | —— | —— | |
| 金云母 | | | —— | |
| 透闪石 | | | —— | |
| 硼镁石 | | | —— | —— |
| 硼镁铁矿 | | | —— | |
| 蛇纹石 | | | —— | |
| 磁铁矿 | | | —— | |
| 磁黄铁矿 | | | —— | |
| 黄铁矿 | | | —— | |
| 滑　石 | | | | —— |
| 水镁石 | | | | —— |
| 绿泥石 | | | | —— |
| 方解石 | | | | —— |
| 沸　石 | | | | —— |

# 第四节　营口玉矿床成因

前已叙及，营口玉矿是与后仙峪硼矿一起共生的姊妹矿床，属于一个成矿体系，赋存在同一个矿化蚀变带内，具有共同的成因。因此探讨营口玉矿的成因实质上也是探讨硼矿的成因。

后仙峪硼矿是辽东地区元古宙硼矿带中的大型硼矿之一。辽东硼矿带长约280km，宽约60km，西起营口向东经岫岩、凤城至宽甸一线，发现的大、中、小型硼矿有70余处，典型矿床有营口大石桥的后仙峪硼镁石型硼矿、凤城的翁泉沟硼镁铁矿－硼镁石型硼矿、宽甸的砖庙硼镁石－遂安石型硼矿等（图2-9）。该硼矿矿化集中区硼矿的产量占我国硼矿总产量的90%以上。

多年来，前人在该地区的区域地质、地层、构造、变质岩、矿物学、矿床学和地球化学等各方面做了大量研究工作（中国科学院贵阳地球化学研究所地质研究所，1974；李守义，1983；姜春潮，1987；冯本智等，1995；王培君，1996；王殿忠等，1998；王生志等，2003；肖荣阁等，2003；刘敬党等，2007），对硼矿床成

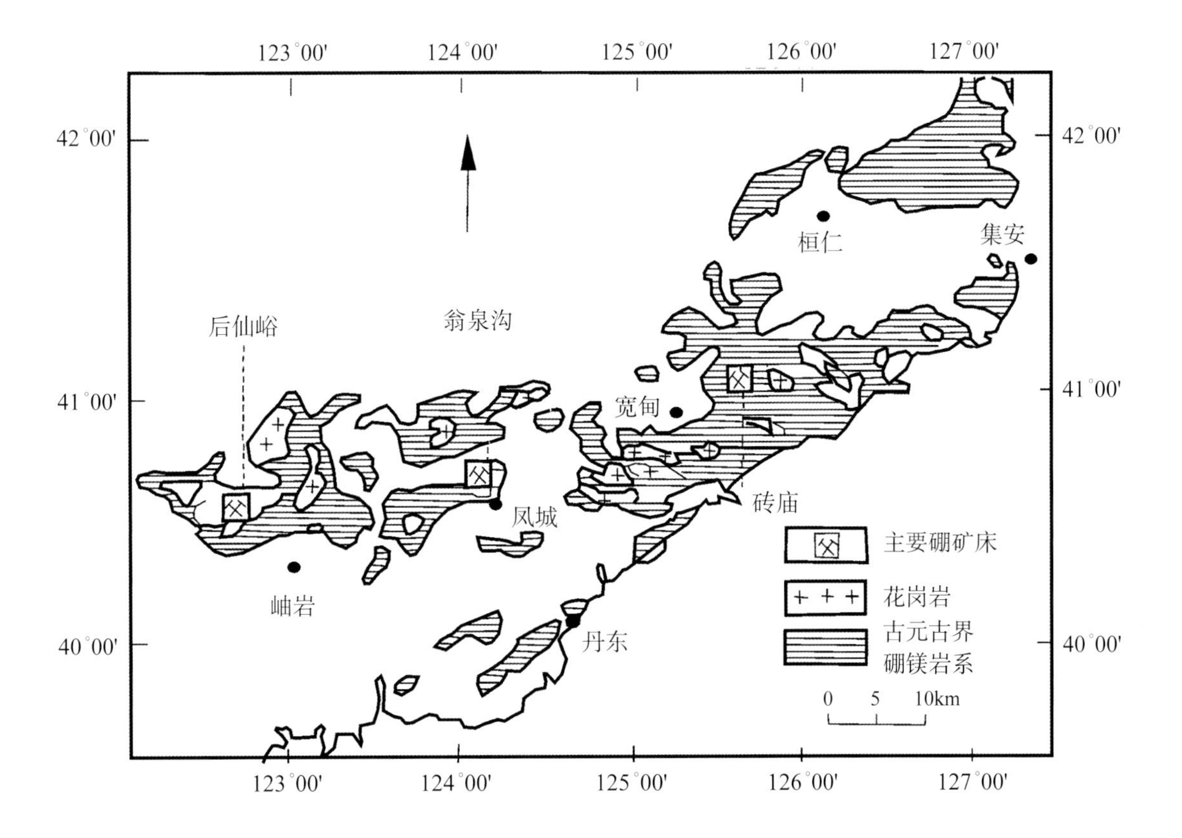


图2-9　辽东吉南地区及主要硼矿区地质略图 [据王翠芝（2006b）改编]

因提出了多种认识和观点。同时，辽宁省第五地质大队、辽宁省第七地质大队和辽宁省化工地质勘查院等对该硼矿化集中区也做了大量地质勘探和研究工作。

在学习消化前人大量勘查和研究资料及文献的基础上，结合我们两年多来的野外考察和室内测试及综合分析，对营口玉的成因和成矿模式予以论述。

## 一、营口玉的成矿时代

关于营口玉的成矿时代，可以借鉴前人在多年来研究硼矿过程中积累的许多科学测试资料加以分析。

### 资料一

1984年出版的《中国早前寒武纪地质及成矿作用》一书中载有辽东硼矿带含硼岩系的11个同位素年龄值：

| | | | |
|---|---|---|---|
| 黑云母钠长变粒岩 | K-Ar法 | 1756 Ma | |
| 黑云母片麻岩 | K-Ar法 | 1877 Ma | |
| 黑云母花岗片麻岩 | K-Ar法 | 1795 Ma | |
| 硼矿石（金云母） | K-Ar法 | 1958 Ma | |
| 硼矿石（金云母） | K-Ar法 | 1998 Ma | |
| 黄铁矿化（金云母） | K-Ar法 | 1983 Ma | |
| 硼矿化蚀变岩（金云母） | K-Ar法 | 1805 Ma | 1877 Ma |
| 伟晶岩（黑云母） | K-Ar法 | 1819 Ma | 2073 Ma |
| 黑云母－透辉石交代岩 | K-Ar法 | 2270 Ma | 2164 Ma |
| 电气石浅粒岩 | U-Pb法 | 1977 Ma | |
| 花岗质岩石 | U-Pb法 | 1955 Ma | |

从上述测试数据可以看出，含硼岩系中的围岩、蚀变岩和矿石的年龄值大体上是一致的。据此可以认为，在1900±100 Ma前后，本区曾发生强烈的变质作用和硼的聚集成矿作用。

### 资料二

Lu Yuanfa等（2005）对辽东硼矿带进行了Ar-Ar和铅同位素年龄测试，获得主要数据如下：

① 宽甸砖庙硼矿床金云母Ar-Ar坪年龄为1918±113Ma，等时线年龄为1918±219Ma；微斜长石Ar-Ar坪年龄为1420±16Ma，等时线年龄为1425±19Ma，并存在一个250±8Ma的Ar-Ar坪年龄及其对应的269±19Ma等时线年龄。

② 凤城翁泉沟硼矿床金云母Ar-Ar坪年龄为1923±115Ma，等时线年龄为1924±215Ma；微斜长石Ar-Ar坪年龄为1407±514Ma，等时线年龄为1403±19Ma，

并存在220±12Ma的坪年龄。

③ 砖庙硼矿床、翁泉沟硼矿床及其东台子矿段的30件矿石样品铅同位素数据给出等时线年龄分别为1902±12Ma、1852±9Ma、1917±48Ma，凤城青城子矿田喜鹊沟矿段大理岩的Pb-Pb等时线年龄为1844±27Ma。

### 资料三

汤好书等（2009）对辽宁后仙峪硼矿金云母的Ar-Ar法同位素测年结果表明：主矿体金云母Ar-Ar坪年龄值为884.4±8.9Ma，正、反等时线年龄值分别为885.0±7.5Ma和885.8±7.3Ma；矿体与闪长岩脉接触带蚀变岩的金云母Ar-Ar坪年龄为386.5±3.9Ma，正、反等时线年龄分别为386.7±5.3Ma和387.1±7.2Ma。

上述资料给出的Ar-Ar法和Pb-Pb法年龄数据表明1900Ma左右，本区发生了强烈的变质作用和蚀变矿化作用，而1400Ma、880Ma、250Ma和220Ma等年龄分别代表了后来的构造热事件。

综合以上多年来多位学者多种方法对多个硼矿区所测定的年龄值，可以看出本区的硼矿化和蛇纹石玉矿化的地质年代大体在19亿年左右。

## 二、营口玉成矿温度

成矿温度的确定一般是通过测定矿石矿物的气液包裹体来完成的，透明矿物采用均一法，不透明矿物采用爆裂法。营口玉的主要矿石矿物为蛇纹石，因其结晶细小，无明显的气液包裹体，因此无法用蛇纹石直接测定。据此情况，我们改用与矿石中蛇纹石共生的黄铁矿和方解石来进行温度的测定。

黄铁矿一般呈浸染状或团块状分布于矿石中，属成矿同期与蛇纹石共生的矿物。5个样品的爆裂法测温结果表明，其成矿温度为250～387℃，见表2-3。

方解石一般呈脉状和巢状分布于矿石或蚀变岩中，表明其为成矿晚期的产物。6个样品的均一法测温结果表明，其成矿温度为211～269℃，见表2-4。

综合上述测试结果，可以判断本区蛇纹石玉的形成温度为269～387℃，相当于中温热液成矿。

表2-3　共生黄铁矿的包裹体爆裂法测温数据

| 样品号 | 矿物 | 重量/mg | 粒度/mm | 爆裂温度/℃ | | 爆裂频次/100～450℃ |
|---|---|---|---|---|---|---|
| HT-2 | 黄铁矿 | 30 | 0.2～0.4 | 387 | 275 | 776 |
| HT-4 | 黄铁矿 | 30 | 0.2～0.4 | 387 | 270 | 4307 |
| HT-8 | 黄铁矿 | 30 | 0.2～0.4 | 326 | 250 | 1370 |
| HT-11 | 黄铁矿 | 30 | 0.2～0.4 | 360 | 258 | 4071 |
| HT-14 | 黄铁矿 | 30 | 0.2～0.4 | 362 | 260 | 3910 |

表2-4 晚期方解石的包裹体均一温度

| 样品号 | 包裹体类型 | 测试点个数 | 大小/μm | 气液比 | 均一温度/℃ |
|---|---|---|---|---|---|
| FJ-1 | L-V | 11 | 1×5～5×7 | 2%～10% | 235 |
| FJ-2 | L-V | 12 | 2×2～3×5 | 2%～8% | 211 |
| FJ-3 | L-V | 13 | 1×1～4×6 | 1%～10% | 269 |
| FJ-4 | L-V | 6 | 1×1～2×5 | 2%～15% | 227 |
| FJ-5 | L-V | 10 | 1×2～3×5 | 1%～10% | 229 |
| FJ-6 | L-V | 9 | 1×1.5～4×5 | 1%～15% | 251 |

## 三、营口玉成矿物质来源

成矿物质来源是地质成矿作用的一个根本性问题。只有查明了成矿物质的来源，才能从源头上阐明矿床的成因和明确找矿方向。过去由于缺少技术手段，对此问题的阐述模糊不清。近年来新技术的应用使人们对此问题的认识前进了一大步。新技术方法的应用主要是指各种稳定同位素分析方法，另外还有微量元素和稀土元素地球化学分析方法。

本次研究中，我们进行了营口玉的氢氧同位素分析、硅同位素分析，并做了玉石微量元素和稀土元素的分析，取得了一批有意义的科学数据，使我们对营口玉的成矿物质来源有了一个比较明确的认识。

### （一）氢、氧同位素分析

通过氢、氧同位素值测定可以查明成矿溶液的来源，这是各类热液矿床研究中经常使用的方法。

本次研究中，从4类营口玉中各自选取了2个样品，共8个样品，进行了氢、氧同位素分析，结果见表2-5。

表2-5 营口玉氢、氧同位素分析结果

| 样品号 | 类型 | $\delta^{18}O_{V-SMOW}$/‰ | $\delta D_{V-SMOW}$/‰ | $\delta^{18}O_{H_2O}$/‰（269℃） | $\delta D_{H_2O}$/‰（269℃） | $\delta^{18}O_{H_2O}$/‰（387℃） | $\delta D_{H_2O}$/‰（387℃） |
|---|---|---|---|---|---|---|---|
| A-1 | 翠绿玉 | 6.5 | −95 | 5.53 | −87.6 | 7.29 | −82.4 |
| A-2 | 翠绿玉 | 6.1 | −95 | 5.13 | −87.6 | 6.89 | −82.4 |
| B-2 | 墨绿玉 | 7.8 | −106 | 6.83 | −98.6 | 8.59 | −93.4 |
| B-3 | 墨绿玉 | 5.3 | −104 | 4.33 | −96.6 | 6.09 | −91.4 |
| C-3 | 青铜玉 | 3.8 | −110 | 2.83 | −102.6 | 4.59 | −97.4 |
| C-7 | 青铜玉 | 5.4 | −97 | 4.43 | −89.6 | 6.19 | −84.4 |
| D-4 | 云翠玉 | 7.3 | −115 | 6.32 | −107.6 | 8.09 | −102.4 |
| D-6 | 云翠玉 | 7.2 | −106 | 6.23 | −98.6 | 7.99 | −93.4 |

参与蛇纹石化作用的水的同位素组成是根据测定蛇纹石的值来计算的。

水的$\delta^{18}O$根据Wenner等（1971）提出的公式求出。

$\delta^{18}O_{蛇纹石} - \delta^{18}O_{H_2O} = 1.56（10^6/T^2）- 4.70$

水的$\delta D_{H_2O}$根据Wenner等（1973）的蛇纹石与水之间氢同位素分馏的经验曲线获得（图2-10）。

$\delta D_{H_2O} = \delta^{18}O_{蛇纹石} - 10^3 \ln\alpha_{蛇纹石-H_2O}$

表2-5列出了根据上述测温所得到的温度（269～387℃）下达到同位素平衡时水的同位素组成。换算后的成矿溶液的氢、氧同位素组成投影到关系图上（图2-11）。从图2-11中可见，成矿溶液中的水主要集中在岩浆水区附近，由此可以推断成矿溶液来源于超变质作用花岗岩化阶段。

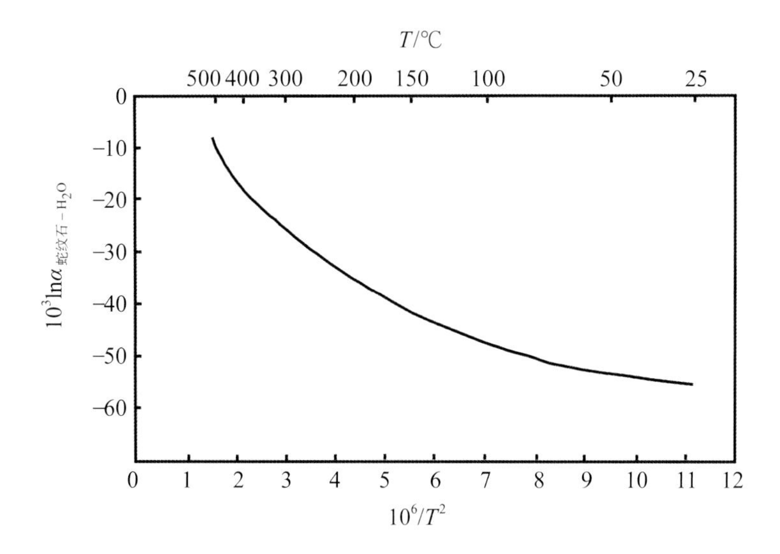


图2-10　蛇纹石－水的D/H分馏经验曲线

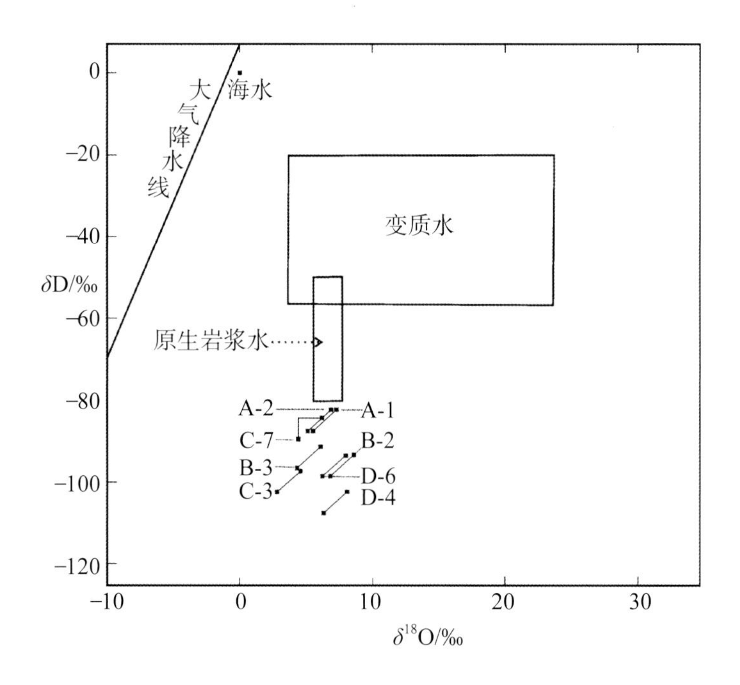


图2-11　蛇纹石玉成矿溶液的氢、氧同位素关系图

### （二）硅同位素分析

本区蛇纹石玉中硅的来源有几种可能：大理岩中的硅质条带和燧石结核或区域变质岩或混合岩。

本次研究选取了4种营口玉共8件样品进行了硅同位素分析，结果见表2-6。

丁悌平等（1994）研究得出：辽宁北瓦沟和八家子大理岩中的硅质条带和白云岩中的燧石结核的硅同位素值为1.1～2.8，而辽宁青城子、弓长岭和大石桥的各种变质岩（角闪片岩、变粒岩和浅粒岩）的硅同位素值为－0.4～－0.1。其相关分析数据见表2-6。

表2-6　岫岩玉的硅同素测定值及相关硅同位素数据

| 样品编号 | 样品名称 | $\delta^{30}Si$ | 采样地点 | 资料来源 |
|---|---|---|---|---|
| 珑-1 | 大理岩中硅质条带 | 1.1 | 辽宁北瓦沟 | 丁悌平等 |
| 8-28 | 白云岩中燧石结核 | 2.8 | 辽宁八家子 | |
| 8H-8 | 白云岩中燧石结核 | 1.7 | 辽宁八家子 | |
| SN | 白云岩中燧石结核 | 1.7 | 辽宁八家子 | |
| 青D-1 | 角闪片岩 | －0.1 | 辽宁青城子 | |
| 青Z-25 | 角闪片岩 | －0.3 | 辽宁青城子 | |
| 89弓II-139 | 角闪片岩 | －0.1 | 辽宁弓长岭 | |
| 89弓-123 | 变粒岩 | －0.3 | 辽宁弓长岭 | |
| 89弓II-15 | 含云母浅粒岩 | －0.4 | 辽宁弓长岭 | 蒋少涌等 |
| 珑-3 | 浅粒岩 | －0.2 | 辽宁大石桥 | 丁悌平等 |
| S1-2 | 岫岩蛇纹石玉 | 0.1～0.2 | 辽宁岫岩县 | 王时麒等 |
| B1-14 | 岫岩闪石玉 | －0.2～0.5 | 辽宁岫岩县 | |
| A-1 | 营口蛇纹石玉 | 0.2 | 辽宁大石桥 | 本书 |
| A-2 | 营口蛇纹石玉 | 0.3 | 辽宁大石桥 | |
| B-2 | 营口蛇纹石玉 | 0.1 | 辽宁大石桥 | |
| B-3 | 营口蛇纹石玉 | －0.1 | 辽宁大石桥 | |
| C-3 | 营口蛇纹石玉 | 0.3 | 辽宁大石桥 | |
| D-4 | 营口蛇纹石玉 | 0.5 | 辽宁大石桥 | |
| D-6 | 营口蛇纹石玉 | 0.6 | 辽宁大石桥 | |
| D-7 | 营口蛇纹石玉 | 0.4 | 辽宁大石桥 | |

从表2-6中可以看到，营口玉的硅同位素值为－0.1～0.6，与大理岩或白云岩中的硅质条带或硅质结核的硅同位素值相差甚远，而与附近区域的各种变质岩的硅同位素值相近，大都在花岗岩类的硅同位素值（－0.4～+0.4）的范围内，另外，与相邻的岫岩县蛇纹石玉和闪石玉的同位素值有共同性。将分析结果与其他相关地质体的硅同位素值投图（图2-12）。

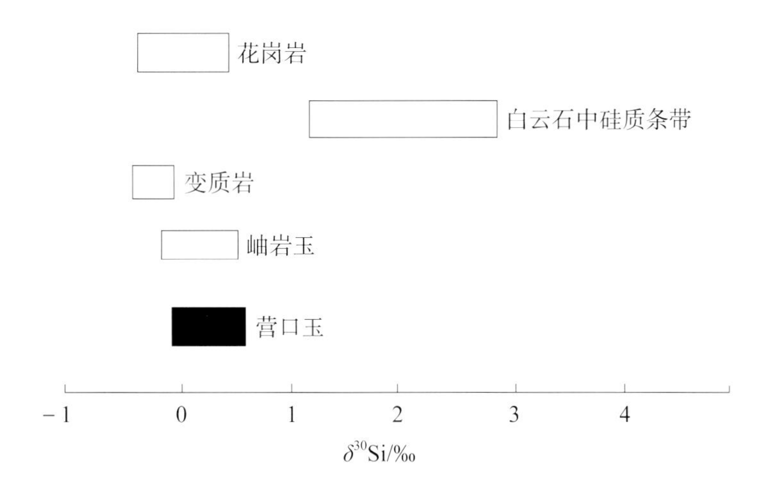


图2-12　营口玉与其他地质体的硅同位素分布图

综合以上分析，结合矿区具体地质情况，推测营口玉的硅质来源最大可能是周围的变质岩和花岗质混合岩。

## （三）微量元素分析

分析微量元素也是判断成矿物质来源的一种方法。本次研究对各类玉石共20件样品做了微量元素测试（见后文表4-4），将20件样品的平均值与地壳平均值相比较，见表2-7，总的来看大都含量比较低，只有Zn和W的含量大于地壳平均值。

与各类岩浆岩的微量元素值相比较，见表2-7，总体来看，营口玉的微量元素值与中酸性岩浆岩的微量元素相对比较接近，而与基性、超基性岩差别较大，尤其是与Cr、Co、Ni等基性、超基性特征元素含量相去甚远。

表2-7　营口玉微量元素含量及相关数据对比表　（单位：$10^{-6}$）

| 元素 | Li | Be | Sc | V | Cr | Co | Ni | Cu | Zn | Ga | Rb | Sr | Y |
|---|---|---|---|---|---|---|---|---|---|---|---|---|---|
| 营口玉（20件平均值） | 4.91 | 0.79 | 7.27 | 30.03 | 3.74 | 9.75 | 21.53 | 8.86 | 137.36 | 2.45 | 6.45 | 16.02 | 24.48 |
| 地壳平均值（Wayler） | 2.0 | 2.8 | 22 | 135 | 100 | 25 | 75 | 55 | 70 | 15 | 90 | 375 | 33 |
| 超基性岩（维氏） | 0.5 | 0.2 | 5 | 40 | 2000 | 200 | 2000 | 20 | 30 | 1.5 | 2 | 1 | — |
| 基性岩（维氏） | 15 | 0.4 | 24 | 200 | 200 | 45 | 160 | 100 | 130 | 18 | 45 | 440 | 20 |
| 中性岩（维氏） | 20 | 1.8 | 25 | 100 | 50 | 10 | 55 | 35 | 72 | 20 | 100 | 800 | — |
| 酸性岩（维氏） | 40 | 5.5 | 3 | 40 | 25 | 5 | 8 | 20 | 60 | 20 | 200 | 300 | 34 |

| 元素 | Zr | Nb | Cd | Sn | Cs | Ba | Hf | Ta | W | Ti | Pb | Th | U |
|---|---|---|---|---|---|---|---|---|---|---|---|---|---|
| 营口玉（20件平均值） | 9.86 | 5.14 | 0.06 | 1.07 | 1.41 | 58.09 | 0.30 | 0.48 | 1.66 | 0.04 | 1.04 | 6.42 | 0.98 |
| 地壳平均值（Wayler） | 165 | 20 | 0.2 | 2 | 3 | 425 | 3 | 2 | 1.5 | 0.45 | 12.5 | 9.6 | 2.7 |
| 超基性岩（维氏） | 30 | 1.0 | 0.05 | 0.5 | 0.1 | 1 | 0.1 | 0.02 | 0.1 | 0.01 | 0.1 | 0.01 | 0.01 |
| 基性岩（维氏） | 100 | 20 | 0.19 | 1.5 | 1 | 300 | 1 | 0.48 | 1 | 0.2 | 8 | 3 | 0.5 |
| 中性岩（维氏） | 260 | 20 | — | — | — | 650 | 1 | 0.7 | 1 | 0.4 | 15 | 7 | 1.8 |
| 酸性岩（维氏） | 200 | 20 | 0.1 | 3 | 5 | 830 | 1 | 3.5 | 1.5 | 1.5 | 20 | 18 | 3.5 |

综合上述资料可以判断营口玉的微量元素主要来源于以中酸性为特征的混合岩和混合花岗岩。

### （四）稀土元素分析

一般来讲，物质来源相同的地质体，在各种地质作用过程中，虽然其稀土元素的含量可能发生变化，甚至发生较大变化，但其配分却相对变化比较小。因此，稀土配分模式可以用来作为判断不同地质体是否具有同源性的依据。

本次研究选取了矿区内4类蛇纹石玉共20件样品进行了稀土元素分析，结果见表2-8。将其稀土元素值作成标准化配分模式图，见图2-13。从该图可见，翠绿玉和墨绿玉样品的配分模式图相似，主要表现为左高右低型，轻稀土含量相对较高，曲线较陡，重稀土含量相对较低，曲线平缓，负Eu异常明显。青铜玉和云翠玉样品的配分模式图基本上为平坦型，有的轻稀土略高，有的重稀土略高，负Eu异常强烈。

稀土配分图特征反映了蛇纹石玉成玉的两种来源，推测翠绿玉和墨绿玉可能是直接交代镁质大理岩而成，而青铜玉和云翠玉可能是直接交代橄榄石而成。

表2-8　营口玉稀土元素含量表　（单位：$10^{-6}$）

| 样号 | La | Ce | Pr | Nd | Sm | Eu | Gd | Tb | Dy | Ho | Er | Tm | Yb | Lu |
|---|---|---|---|---|---|---|---|---|---|---|---|---|---|---|
| A-1 | 1.868 | 3.757 | 0.416 | 1.755 | 0.450 | 0.022 | 0.519 | 0.097 | 0.649 | 0.150 | 0.486 | 0.091 | 0.666 | 0.097 |
| A-2 | 0.689 | 1.963 | 0.283 | 1.393 | 0.380 | 0.038 | 0.446 | 0.082 | 0.540 | 0.122 | 0.406 | 0.086 | 0.796 | 0.170 |
| A-3 | 0.999 | 2.200 | 0.344 | 1.648 | 0.447 | 0.029 | 0.561 | 0.106 | 0.723 | 0.175 | 0.603 | 0.103 | 0.694 | 0.107 |
| A-4 | 3.835 | 7.961 | 0.998 | 4.436 | 1.399 | 0.076 | 1.591 | 0.261 | 1.605 | 0.341 | 1.045 | 0.189 | 1.364 | 0.211 |
| A-5 | 7.316 | 13.10 | 1.099 | 2.871 | 0.604 | 0.076 | 0.626 | 0.106 | 0.723 | 0.173 | 0.592 | 0.113 | 0.780 | 0.121 |
| B-1 | 1.962 | 4.380 | 0.555 | 2.341 | 0.549 | 0.028 | 0.646 | 0.125 | 0.861 | 0.200 | 0.679 | 0.110 | 0.724 | 0.113 |
| B-2 | 1.737 | 3.917 | 0.503 | 2.259 | 0.565 | 0.029 | 0.671 | 0.130 | 0.880 | 0.201 | 0.653 | 0.113 | 0.833 | 0.117 |
| B-3 | 0.927 | 2.116 | 0.274 | 1.127 | 0.310 | 0.094 | 0.376 | 0.069 | 0.466 | 0.109 | 0.349 | 0.055 | 0.383 | 0.060 |
| B-4 | 6.182 | 12.06 | 1.648 | 7.659 | 2.301 | 0.137 | 2.941 | 0.508 | 3.141 | 0.674 | 2.007 | 0.342 | 2.391 | 0.406 |
| C-3 | 0.721 | 1.462 | 0.194 | 0.758 | 0.166 | 0.013 | 0.177 | 0.032 | 0.249 | 0.057 | 0.191 | 0.035 | 0.231 | 0.039 |
| C-7 | 4.196 | 13.72 | 2.190 | 10.84 | 3.336 | 0.119 | 4.013 | 0.742 | 4.657 | 0.976 | 2.853 | 0.502 | 3.615 | 0.620 |
| C-8 | 2.293 | 7.808 | 1.286 | 7.055 | 1.984 | 0.073 | 3.333 | 0.796 | 6.367 | 1.608 | 5.371 | 1.034 | 6.948 | 1.063 |
| C-10 | 0.764 | 1.800 | 0.294 | 1.451 | 0.395 | 0.019 | 0.484 | 0.090 | 0.611 | 0.146 | 0.553 | 0.150 | 1.603 | 0.387 |
| C-13 | 4.414 | 10.50 | 1.399 | 4.983 | 1.410 | 0.060 | 1.496 | 0.247 | 1.512 | 0.332 | 1.038 | 0.193 | 1.397 | 0.202 |
| C-14 | 14.90 | 45.71 | 7.407 | 41.87 | 13.77 | 0.688 | 23.90 | 5.495 | 41.76 | 10.31 | 32.62 | 5.545 | 32.01 | 5.012 |
| D-2 | 0.651 | 1.534 | 0.192 | 0.908 | 0.248 | 0.040 | 0.345 | 0.075 | 0.533 | 0.125 | 0.418 | 0.084 | 0.659 | 0.108 |
| D-3 | 5.290 | 17.63 | 3.057 | 15.920 | 5.895 | 0.403 | 7.774 | 1.525 | 9.659 | 1.974 | 5.677 | 0.940 | 6.014 | 0.833 |
| D-4 | 2.271 | 6.538 | 0.890 | 4.775 | 1.488 | 0.066 | 2.809 | 0.664 | 5.270 | 1.314 | 4.191 | 0.730 | 4.613 | 0.717 |
| D-5 | 0.378 | 0.865 | 0.140 | 0.695 | 0.217 | 0.011 | 0.322 | 0.064 | 0.475 | 0.112 | 0.390 | 0.084 | 0.673 | 0.106 |
| D-6 | 1.610 | 3.547 | 0.432 | 1.861 | 0.526 | 0.020 | 0.641 | 0.114 | 0.721 | 0.163 | 0.553 | 0.102 | 0.713 | 0.117 |

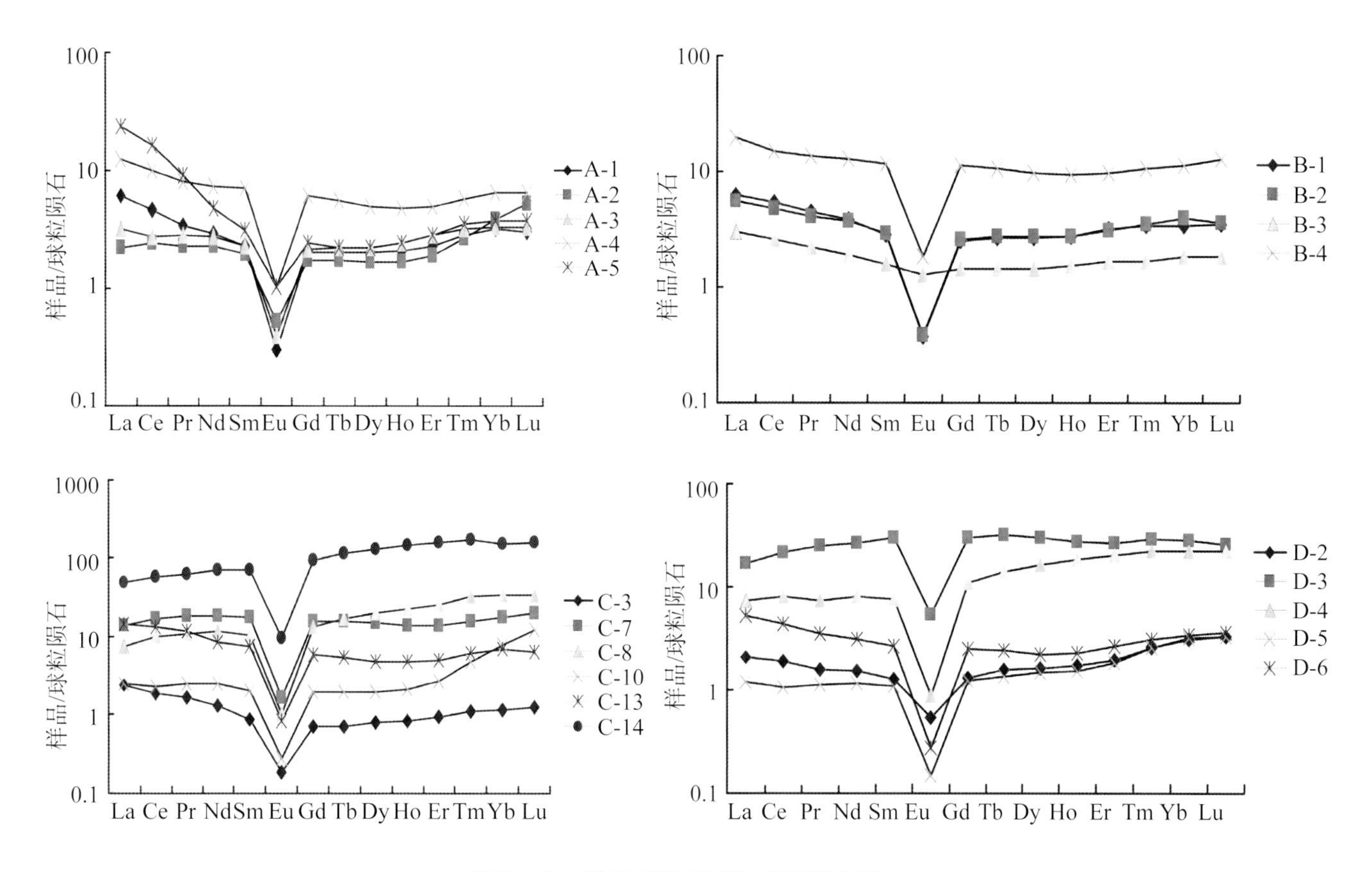


图2-13　营口玉样品的稀土元素配分图

## 四、营口玉矿床成因类型

辽东地区硼矿床的成因一直争论很大，主要存在三种不同观点，即沉积变质观点、镁质夕卡岩观点和超变质热液交代观点。

### （一）沉积变质观点

此观点以冯本智为代表，认为辽东硼矿床属于与火山活动有关的海底热水沉积矿床（喷气矿床），形成于古裂谷海槽的火山沉积盆地内次一级封闭或半封闭的热水洼地。沉积硼矿床形成后，于古元古代末期遭受角闪岩相区域变质作用，矿床的原始沉积物发生变质重结晶，富镁、铁硅质岩变质形成镁橄榄石岩和硅镁石岩，硼酸盐岩则形成由板状硼镁石、遂安石及少量硼镁铁矿所组成的硼矿石。后来的变质热液使部分硼活化迁移，局部形成脉状矿体；热液活动还使矿床内的镁橄榄石等发生广泛的蛇纹石化，矿石发生纤维硼镁石化以及围岩中出现电气石化、阳起石-透闪石化等，但对矿床的重新富集影响不大。总体上辽东地区硼矿床系沉积变质类型（受变质矿床）。

### （二）镁夕卡岩观点

此观点以王秀璋为代表，认为辽东硼矿的形成是由于该地区在元古宙区域变质作用时期的超变质作用气成热液萃取了周围富硼地层中的硼和硅等，形成了富硼富硅的气成热液，当这些富硼富硅气成热液流动到镁质大理岩层时，交代大理岩与大理岩中的镁相结合形成了镁橄榄石和硅镁石等组成的镁夕卡岩，之后随着热液温度的降低，形成了硼镁石等即硼矿床，整体称为超变质镁夕卡岩型硼矿床。

### （三）超变质热液交代观点

此观点以王培君为代表，认为辽东硼矿化集中区在原始沉积阶段和区域变质阶段都没有形成有价值的工业矿床，而只是为矿床的形成提供了物质条件。成矿的主要因素是超变质作用，由于超变质作用产生了热液，并在转移过程中吸取了富硼地层中的硼元素，然后在镁质大理岩中的构造有利部位发生交代作用而形成了硼矿床。因此将辽东硼矿归结为与超变质作用有关的热液矿床。

### （四）营口玉矿床成因分析

深入分析上述三种不同观点，实际上第二种和第三种观点在本质上是相同的，均认为成矿的主导因素是热液交代作用，而热液的来源主要是超变质作用。两者只是在对镁橄榄石是否定为镁夕卡岩问题上认识有所不同。因此对本区硼矿床的成因基本上是两种不同观点，一种是认为成矿的主导因素是原始沉积作用，原是沉积含水硼酸盐矿床，后经区域变质作用，产生重结晶转变为硼镁石矿床，即受变质矿床，而后期的交代作用对硼的富集作用影响不大；一种则认为成矿的主导因素是热液交代作用，热液的来源是超变质作用或混合岩化作用，而原始沉积作用及区域变质作用只是形成矿源层而并未富集成矿。

根据这两年来对营口玉的全面系统研究，从野外考察和室内一系列测试所获取的各方面信息资料进行综合分析，我们认为第三种观点比较合理，即后仙峪硼矿和玉矿成矿的主导因素是热液交代作用，热液的主要来源是超变质作用或混合岩化作用。营口玉的矿床成因类型应定为超变质作用或混合岩化热液矿床。主要依据有以下几点：

① 矿床的内外交代蚀变现象普遍强烈发育，并有多期多阶段的特点，如矿层中的橄榄石化、硅镁石化、硼镁石化、蛇纹石化、金云母化、水镁石化、绿泥石化、滑石化等；围岩变粒岩中的电气石化、斜长角闪岩中的透闪石化等。在室内显微镜下对各类玉石薄片进行观察，各种交代结构普遍发育。

② 矿床仅赋存于里尔峪组的镁质大理岩层中，由于镁质大理岩化学性质活泼，在热液作用下分解温度较低，溶解度较大，最易被交代，形成一系列高镁质的矿物。从层控矿床的观点和角度来看，本区的硼矿和玉矿层控性非常强，因此可以称为层控矿床。

③ 在矿区范围内没有较大的岩浆侵入体，看不到矿床与侵入岩浆岩的关系，而是各种混合岩广泛分布。因此成矿热液的来源只能是从混合岩化作用形成的热液来寻源，因此判断本区成矿热液是来自超变质作用或混合岩化作用而形成的热液。

超变质作用应理解为在区域变质作用的基础上，进一步发生的一种变质作用，包括形成各种混合岩直到混合花岗岩的全部过程。因此，超变质作用是介于区域变质作用和岩浆作用之间的一种作用。我们将超变质作用过程中产生的热液称为超变质热液，由于超变质作用过程主要体现为各类混合岩的形成，因此超变质热液也可称之为混合岩化热液。

关于镁夕卡岩的问题。由于本矿层中有大量的镁橄榄石和少量硅镁石及透辉石存在，据此有的学者提出了镁夕卡岩成矿类型的观点。我们认为，典型的镁夕卡岩型矿床应该是中酸性侵入岩浆岩与镁质碳酸盐岩相接触，在其接触带通过接触交代作用（扩散交代作用或渗滤交代作用），形成一套以镁橄榄石、透辉石和硅镁石等组成的特征岩石，同时伴随矿化作用，形成镁夕卡岩型矿床。而本矿区虽有一套与镁夕卡岩相同的组成矿物，但并没有侵入岩浆岩以及相应的接触带和接触交代作用。因此将其称为镁夕卡岩型矿床是不妥当的。

综合以上宏观和微观的观察和测试资料以及对前人各种观点的分析和选取，本区的蛇纹石质玉的成因类型可定为层控性交代式中温型超变质热液（或混合岩化热液）矿床。层控性、交代式和中温型是营口玉的三个基本特征。

层控性：热液矿床可以是层控性的，也可以是非层控性的。营口玉仅产于本区辽河群里尔峪组的镁质大理岩层位中，地层岩性的控矿特点非常突出和明显。

交代式：热液矿床的成矿方式基本上有两种，即交代式和充填式。实地观察和室内玉石薄片分析表明，营口玉主要是以交代方式成矿的，即含矿热液交代前期的镁橄榄石或直接交代镁质大理岩而成的。

中温型：热液矿床根据形成温度一般分为高温型、中温型和低温型三类。上述矿物测温结果为269～387℃，表明基本上属于中等温度。

## 第五节　营口玉矿床的成矿模式

将基于大量实践总结出的规律性认识模式化，给人以简单明确的印象，在近代地质科学研究中得到了广泛的重视和应用。

成矿模式是用简明扼要的图或表的形式，对矿床的基本地质特征、形成环境、成矿机理和成矿过程的高度综合和理论概括。

在大量研究资料的基础上，我们对营口玉的成矿历史演化过程、成矿环境和成矿特征提出了一个成矿演化模式，以期从本质上简明扼要地阐明营口玉的成矿作用。

营口玉的形成不是偶然和孤立的，它是在一个特定有利的地质环境和背景下，经过海相沉积作用、变质作用和混合岩化热液交代作用等三个阶段的长期演化而形成的。

## 一、海相沉积作用阶段

大约在20亿年前的古元古代时期，辽东地区处于一个克拉通古裂谷带优地槽型沉积环境，由于火山喷发作用和沉积作用，在海底形成了一套富硼和高钠的火山沉积岩系。火山岩以中酸性为主，并有少量基性火山岩，中间夹富镁碳酸盐岩层。这套火山沉积岩系为后来硼矿和玉矿的形成奠定了雄厚的物质基础。

## 二、区域变质作用阶段

大约在20亿年左右，该区遭受了角闪岩相的区域变质作用，富硼和富钠酸性火山岩层经过重结晶形成钠长浅粒岩、电气石钠长浅粒岩、黑云母钠长变粒岩、电气钠长变粒岩等，基性火山岩经过重结晶变为斜长角闪岩，富镁碳酸盐岩经过重结晶形成了富镁大理岩（菱镁大理岩和白云大理岩），从而形成了稳定的硼矿和玉矿的矿源层。

## 三、混合岩化热液交代成矿阶段

大约在19亿年，在区域变质的基础上进一步发生了超变质作用，形成了该区广泛的混合岩，并在此过程中产生了温度较高的气水热液。这些气水热液沿着地层流动时，萃取了地层中的硅和硼等成分，成为富硅和富硼的热液。这些富硅和富硼的热液进入富镁大理岩层，产生了强烈的交代作用。在高温阶段（400～600℃），主要是热液中的硅和大理岩中的镁相结合形成橄榄石；在中温阶段（大约200～400℃），主要是热液中的硼和大理岩中的镁相结合形成硼镁石，而热液中的硅和大理岩中的镁相结合形成蛇纹石，同时热液又交代早期橄榄石，硅和镁相结合也形成蛇纹石，从而构成了硼矿和玉矿一对姊妹矿。玉矿的反应式大体可用下式表示：

$$6Mg[CO_3]+4SiO_2+4H_2O \longrightarrow Mg_6[Si_4O_{10}](OH)_8+6CO_2\uparrow$$

菱镁矿　　　　　　　　　蛇纹石

$$6CaMg[CO_3]_2+4SiO_2+4H_2O \longrightarrow Mg_6[Si_4O_{10}](OH)_8+6Ca[CO_3]+6CO_2\uparrow$$

白云石　　　　　　　　　蛇纹石

$$3Mg_2[SiO_4]+SiO_2+4H_2O \longrightarrow Mg_6[Si_4O_{10}](OH)_8$$

镁橄榄石　　　　　　　　蛇纹石

成矿过程模式图见图2-14。

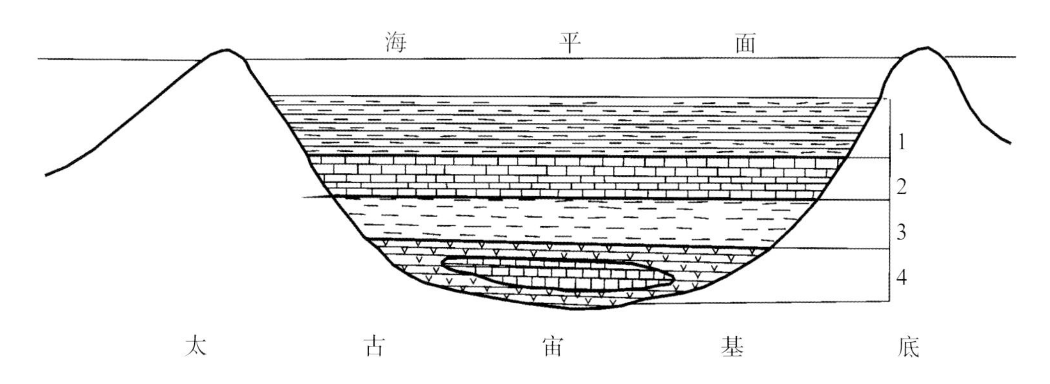


1. 盖县组黏土质沉积建造　2. 大石桥组碳酸盐岩沉积建造
3. 高家峪组黏土质沉积建造　4. 里尔峪组火山沉积建造夹碳酸盐岩建造

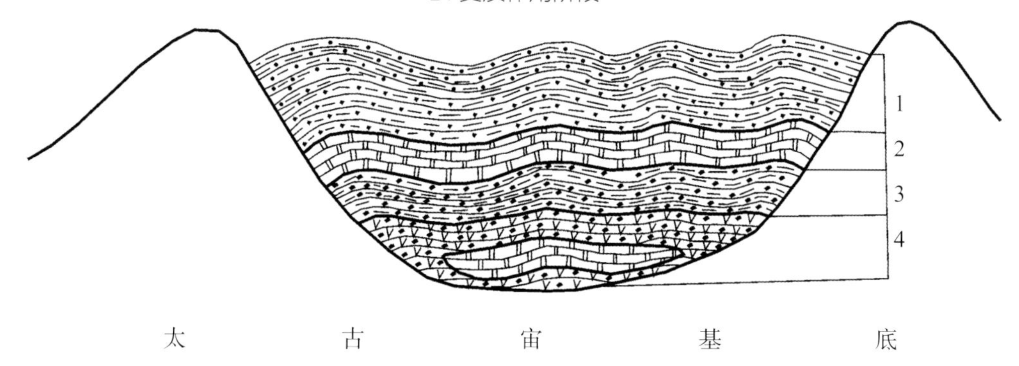


1. 盖县组片岩变质建造　2. 大石桥组大理岩变质建造
3. 高家峪组变粒岩变质建造　4. 里尔峪组变粒岩夹大理岩变质建造

C. 超变质作用及热液交代成矿阶段

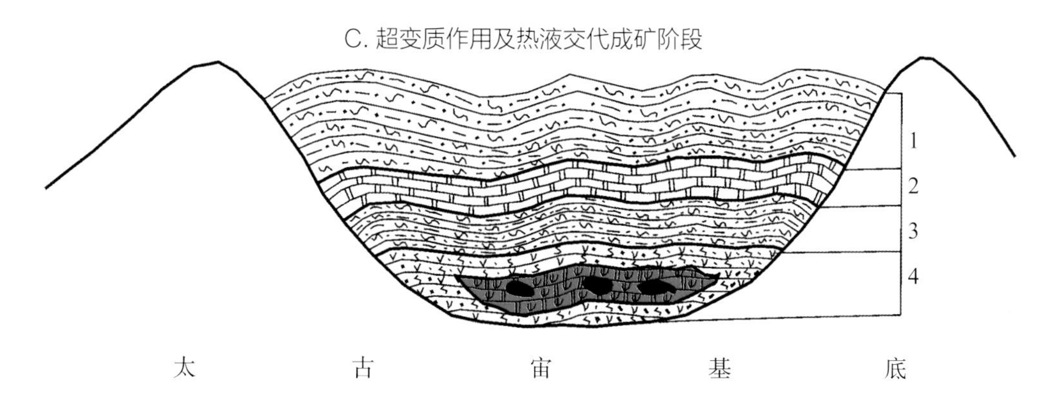


1. 盖县组混合岩化片岩建造　2. 大石桥组大理岩建造
3. 高家峪组混合岩化变粒岩建造　4. 里尔峪组混合岩化变粒岩建造（含硼矿和玉矿）

图2-14　营口玉成矿过程模式图

# 第三章

# 营口玉的质量评价

任何珠宝玉石都有一个质量优劣问题，均可分为三六九等，由此而决定其价值和价格的高低。因此，对珠宝玉石质量进行评价或评估是非常重要的。然而珠宝质量评价又是一个非常复杂和比较困难的问题。在各类珠宝玉石中，单晶体类宝石的质量评价相对容易一些，因其是单晶体，物理化学性质比较均匀稳定，变化的规律性较强，视觉比较清楚，如对无色至浅黄色系列钻石的质量评价，国际上普遍通行4C标准（颜色、净度、重量和切工），可以定量化或半定量化，并由此决定其价格。国际珠宝市场上大约半个月即发布一次各类品级钻石的价格，在有关报刊和网上都可查到，参考对比起来比较方便，这使得买家也好，卖家也好，心中比较有数，市场也比较稳定有序。然而对于玉石来讲，国内外至今尚缺乏能统一操作的通行简便标准，因此在市场上，大体同类质量的玉石雕件或饰品，其价格却可能差别很大，甚至差一个数量级，很难掌握和判断，使人茫然。通常流行的“黄金有价玉无价”的说法就是指这种情况而言。这是因为玉石和单晶体宝石不同，玉石是多晶质体，由千千万万细小的矿物颗粒组成，情况更加复杂，如组成的矿物颗粒粗细大小不同，排列方向和方式不同，且分布又往往很不均匀，从而造成玉石的颜色、结构、透明度、光泽、杂质等，变化多端，非常复杂，在对其进行质量评价时就显得比较困难，不易掌握。但是问题尽管复杂困难，工作势必还要做。长期以来，人们经过反复对比实践，积累了大量经验，形成了一些普遍认可的共识和准则。下面，我们将根据前人的经验和对营口玉物理化学性质及宝玉石学特征的系统深入研究，提出对营口玉的质量评价要素和质量分级标准，供大家参考。

## 第一节　营口玉的质量评价要素

营口玉的质量评价要素有颜色、透明度、质地、净度、裂隙和块度等，下面予以分述。

### 一、颜色

颜色是决定玉石价值的首要因素，评价营口玉颜色的优劣应从多个方面进行观察分析，如色调、浓度、纯度、明度和均匀度等。

#### （一）色调

色调是指颜色的种类，也称色相。营口玉的色调主要有绿色、青色、黑色和白色以及其间各种各样的过渡色。对蛇纹石质玉色调好与差的评价，总体看来以绿色为最佳，其他各种色调相对欠佳，这与翡翠以绿为上的情况类似。

### （二）浓度

颜色的浓度是指颜色的深浅程度。粗略一点，可将颜色浓度分为深、中、浅三级，细一点，可分为很深、深、中、浅和淡五级。

对颜色浓度好与差的评价，不一定是越深越好，不同色调要求不同，要具体分析。绿色者以中和深的浓度为佳，很深或浅则欠佳，黑色者则一般是越浓越好。

### （三）纯度

纯度是指色调的纯正程度。一般将白光分解出来的红、橙、黄、绿、青、蓝、紫七色光及黑色和白色调定为正色，偏离这些色调的就称为偏色，一般可分为正色、较正色和偏色三级。

对蛇纹石质玉颜色纯度好与差的评价，一般是越正越好，偏色时则较差，如绿色，以正绿为最好，而偏黄、偏青、偏灰等则较差。

### （四）明度

明度是指颜色的明亮程度或鲜艳程度。一般可分为鲜艳、较鲜艳和暗淡三级，或很鲜艳、鲜艳、较鲜艳、较暗淡和暗淡五级。

对蛇纹石质玉明度的评价，显然是越鲜艳越明亮越好，越暗淡则越差。

### （五）均匀度

均匀度是指颜色分布的均匀程度。一般可分为很均匀、较均匀和不均匀三级，或很均匀、均匀、较均匀、欠均匀和不均匀五级。

对蛇纹石质玉颜色均匀度的评价，一般是越均匀越好，不均匀则差。

上述五点主要是针对单一色调的蛇纹石质玉而言，如本区的翠绿玉和墨绿玉。对于具有多种色调的玉石类型来讲，还要考虑各种色调组合的协调性和美观性，如本区的云翠玉类型，主要是绿色和白色相搭配，如果两种颜色组合得比较协调，构成美丽的花纹或奇特的图画，则会增加其价值；反之，如果两种颜色组合得不协调，杂乱无章，不受看，则会降价其价值。

总体来看，营口的蛇纹石质玉因含铁量比较高，相对于含铁低的岫岩蛇纹石质玉，其颜色普遍比较深，深绿色和墨绿色较多，而浅色者很少。

## 二、透明度

透明度是指光线透过的程度。当光线投射到玉石表面时，一部分光从表面反射，一部分光将进入玉石里面而透过去。由于组成玉石的种类不同、颗粒粗细不同、晶形不同及排列组合不同、所含杂质的种类和多少不同等因素的影响，光线通过的多少也就不同。一般而言，让光线通过的越多则透明度越好，让光线通过的越少则透明度越差。玉石行业内一般将透明度称为“水头”。透明度好称为“水头足”或“水头长”，玉石显得非常晶莹和水灵。透明度差称为“水头差”或“水头短”，玉石则显得很“干”或“死板”。透明度对评价玉石很重要，透明度好的玉石可大大增加其美感和价值。透明度的好与差可以根据透过一定厚度的玉石看对面物体影像的清晰程度半定量地予以表示，如以1cm厚的蛇纹石玉为标准，在室内白光条件下，很清楚透过者为好；隐约透过者为中；不能透过者为差。

透明度的级别一般分为透明、亚透明、半透明、微透明和不透明五个级别。营口玉由于普遍含铁较高，杂质矿物含量较多，因此相对岫岩所产蛇纹石玉透明度较低，大多为微透明，少量透明度较高。

## 三、质地

玉石和一般岩石的区别，一个关键的因素就是质地粗细问题，质地细腻者才能成为玉石。因此玉石的质地越细腻越好，这是评价玉石质量优劣的一项重要指标。

玉石是多晶集合体，晶体颗粒的大小决定了玉质的细腻和粗糙程度，即晶体颗粒度越小则玉质越细腻，晶体颗粒度越大则玉质越粗糙。一般用肉眼观察，如有明显的颗粒感，则质地较粗；如无颗粒感，则质地较细腻。如果在10倍放大镜下也无颗粒感，则玉质就非常细腻了。

蛇纹石质玉的质地从感官观察可分为很细腻、较细腻、细腻、较粗糙和粗糙五级或很细腻、细腻和粗糙三级。

总体来看，营口蛇纹石质玉中的蛇纹石结晶颗粒都比较细，基本上是隐晶质的，肉眼观察无颗粒感。但有些品种，如青铜玉和云翠玉，因其中含有较多的杂质矿物，这些杂质矿物颗粒相对比较粗，因此玉石整体就显得比较粗糙一些。

## 四、净度

净度是指玉石内部的干净程度，即含杂质和瑕疵的多少程度。

一般来讲，由于玉石是在自然界长期形成的，或多或少都含有大小不等、颜色不同、形态各异、种类不同的杂质和瑕疵，不含杂质者很少，这也是影响玉石质量的一个重要因素。显然，含杂质和瑕疵越少越好，越干净越好。根据杂质和瑕疵含量的多少，可将蛇纹石玉的净度分为干净、少瑕和多瑕三级，或很干净、干净、小花、中花和大花五级。

总体来看，营口蛇纹石玉中所含的杂质比较多，但不同类型的玉情况不同。翠绿玉和墨绿玉所含杂质较少，净度较好；而青铜玉和云翠玉含杂质相对较多，净度欠佳。但有些杂质成分因具有特有的光泽和颜色，如果布局较好，对质量反而有正面影响，如青铜玉中的磁铁矿和黄铁矿，因具有强金属光泽，似满天星，可以增加玉雕件的美感；再如云翠玉中的菱镁矿和硼镁石，为白色，如果和绿色的蛇纹石搭配得比较协调，或构成图案，也能增加玉雕件的美感，提高其价值。

## 五、裂隙

裂隙俗称绺，也有人将细而不明显的裂隙称为绺，而将粗而明显的裂隙称为裂，合称为绺裂。显然，裂隙对蛇纹石玉的质量有明显的负面影响，沿裂隙可以使蛇纹石玉的透明度降低，次生杂质充填，降低了蛇纹石玉的美感，影响了蛇纹石玉的耐用性。裂隙越大越多，则蛇纹石玉的质量越差。裂隙越少越小，则蛇纹石玉的质量越高。

根据裂隙的发育程度，我们可以将蛇纹石玉分为无裂、少裂和重裂三级，或无裂、轻裂、少裂、中裂和重裂五级。

总体来看，营口玉的裂隙发育较少，块度比较完整，裂隙重者较少。

## 六、块度

块度是指单体玉石块的大小。显然，对于同等质量的玉石，其块度越大则价值越高。

营口蛇纹石玉相对于其他玉矿一个突出特征是块度大，上吨重的玉块有许多，可以雕刻成大型玉雕作品，摆放到公园、庙堂、宾馆大厅等处，以展示出雄伟大气壮观的风格，供人们观赏，更好地弘扬中华玉文化。特别应提到的是该矿洞内有2块巨型玉体，一块660t左右，一块2065t左右，均超过了岫岩的玉石王（约270t）。其中660t左右的一块可以拉出来，运到营口市公园向世人展示；2065t左右的一块拉不出来，但可整体保存，就地建设一个地下博物馆，让人们来观赏，这一大一小新“玉石王”必将在全国引起轰动，为弘扬玉文化、推动玉产业的发展作出重大贡献。

# 第二节　营口玉的质量分级

从上述蛇纹石玉质量评价来看，其影响因素是多方面的，每一种影响因素又是很复杂的，分级只能是粗略的半定量性的，做到准确和定量是不现实的。因此，在观察中对蛇纹石玉的质量进行评价时，首先是对上述六种因素分别具体评价，然后综合分析，最后进行总体级别的判定。总体级别可以分为三级、四级或五级。下面我们提出一个四级的分级方案，见表3-1，供实际工作时参考。

需要说明的是，这个分级标准是一个典型模式，应用时不能死搬硬套，可根据实际情况灵活掌握。

对于营口玉各种雕件成品的质量评价，除了天然性的玉质以外，还有一个工艺

表3-1　营口玉的质量综合分级表

| 级别 | 颜色 | 透明度 | 净度 | 质地 | 裂隙 | 块度/kg |
|---|---|---|---|---|---|---|
| 一级 | 绿色：纯正、明亮、均匀 | 亚透明 | 干净 | 很细腻 | 无裂 | >100 |
| 二级 | 深绿色：纯正、明亮、较均匀 | 半透明 | 小花 | 细腻 | 轻裂 | >50 |
| 三级 | 墨绿色：较纯正、较明亮、欠均匀 | 微透明 | 中花 | 较细腻 | 少裂 | >20 |
| 四级 | 黑色或多色：偏色、较明亮、欠均匀 | 不透明 | 大花 | 较粗糙 | 多裂 | >10 |

水平问题。关于工艺水平的评价涉及主题构思、艺术设计、原料运用、雕刻技术和抛光效果等方方面面的质量标准和水平问题，评价起来也很复杂，标准难以掌握，主观性更强，弹性更大，这属于艺术范围，需要专门的标准，在此不赘述。

# 第四章

# 营口玉的生物物理化学性能和保健功能的研究

20世纪经济腾飞促进了科技文明和物质文明高度发展，但同时工厂拓展、高楼林立、汽车膨胀，人类生存的自然空间日益狭小。生态环境的恶化给地球、人类的健康和生命带来了危害。20世纪90年代人们深刻认识到环境危机，“环保热”随之兴起，人们更积极地投入研究开发“绿色材料”“保健材料”等。21世纪初，为进一步解决环境污染、保护人类健康，人们开始着手研究“环境保健材料”。环境材料主要分为气环境材料、水环境材料、地环境材料、保健环境材料、全环境材料等。2000年日本通产省支持成立了环境协会和风险开发机构，40多家企业加入研究和开发环境保健产品，主要针对地球环境负荷和直接与人类健康有关的居住环境材料，把密切相关的二者总称为“环保保健”材料。保健材料是指具有特定的环保功能和有益于人体健康的功能材料，即具有空气净化、抗菌防霉功能和电化学效应、红外辐射效应、超声和电场效应以及负离子效应等。

自然界存在若干有益的矿物，含有很多有益元素而有害元素含量甚微，并具有发射远红外线、释放负离子和超声波脉冲等有益于人体健康的功能。电气石、麦饭石、砭石等应用于保健、医药等领域的历史已有几十年。二十多年前，日本和巴西等国家发现电气石具有健康效果，其产地巴西的矿山附近的居民和工人不易得病。有人研究这种健康材料的保健机理认为是由于电气石具有热电、负离子、超声和红外的生物物理效应及微量元素、稀土元素的生物化学效应。随后以电气石粉为原料制成的保健产品衣料、被褥、腰带、袜子以及内墙涂料、墙板等开始被广泛使用。麦饭石由于具有良好出溶性，用水浸泡可以溶出Ca、Mg、K、Na、Sr、Se、Zn、I、偏硅酸等元素和矿物质，被广泛应用于净化饮用水；由于比表面积大，对重金属离子具有很强的吸附能力，被广泛应用于治理水污染；21世纪初，砭石再次受到了热捧，这种健康材料的保健机理主要是由于自身蕴藏的能量能够发射出远红外线以及超声波脉冲，以此来激发人身体的潜能并达到促进人体微循环增强免疫功能的功效。2003年有人以天然蛇纹石、钙沸石、方硼石等天然矿物为原料，经粉碎、配料、混合、球磨、烘干、过筛、烧成等工艺制成具有较高的负离子及远红外发射功能的粉料，该材料成功地申请了专利并应用于水处理、加湿器及织物涂覆等多种领域。人们以电气石粉为原料制成保健床、砭石刮痧板，还以蛇纹石粉、电气石粉等为原料制成保健功能袜（照片4-1）。

照片4-1　生活中常见的环保保健产品

营口玉的主要组成矿物是蛇纹石。蛇纹石是1∶1型三八面体层状硅酸盐，其结构单元层由硅氧四面体的六方网层（T层）与氢氧镁石的八面体层（O层）按1∶1结合而成。结构中少量$Mg^{2+}$可被$Fe^{2+}$、$Ni^{2+}$、$Mn^{2+}$等金属离子置换。蛇纹石断裂面上存在不饱和Si—O—Si、O—Si—O、含镁键、羟基和氢键等，这些不饱和键构成了蛇纹石的活性基团。活性基团的大量存在使蛇纹石具有很高的化学活性。前人研究表明，这种化学活性主要表现在对重金属离子和阴离子（团）的吸附作用以及对有机物的吸附和催化分解作用上。从理论上来说，蛇纹石是一种较好的环保和保健材料，但对于具体保健性能方面目前还缺少研究。

本次研究，我们对各类营口玉的放射性、微量元素、远红外辐射性能、负离子释放性能等进行了系统的测试，以期深入探讨营口玉的环保保健功能，提高营口玉的利用价值。

# 第一节　营口玉的放射性研究

## 一、放射性与人体健康

将营口玉应用于环保保健领域，首先要保证其安全性，就是要保证它与人体相互作用不会影响人体健康。在这方面，对于石材通常人们最关注的是玉石的放射性问题。在谈及此问题之前首先要明确一个概念性问题，即微量放射性元素镭、钍等放射性元素在自然界各类岩石和玉石中是普遍存在的，绝大多数对人体并无伤害，只有极少量的岩石具有较高放射性元素含量时才会有害，所以关键的问题在于放射性元素含量的多少而不是有无放射性元素。2010年国家颁布的《建筑材料放射性核素限量》标准（GB 6566—2010），规定了多少含量有害，多少含量无害，并根据材料放射性水平大小按用途将建筑材料分为三类（表4-1）。$I_{Ra}$被称为为内照射参数，$I_{\gamma}$被称为外照射参数。

天然放射性元素中，钍（Th）、镭（Ra）和钾-40（$^{40}K$），能够自发地从不稳定的原子核内部放出射线（α、β、γ射线等），产生的α、β、γ射线有可能对人体造成伤害。营口玉要想用作环保保健材料首先放射性核素比活度必需满足$I_{Ra}$≤1，$I_{\gamma}$≤1.3。

表4-1　建筑材料放射性核素国家分类标准

| 类别 | $^{226}Ra$、$^{232}Th$、$^{40}K$放射性比活度 | 产销与使用范围 |
|---|---|---|
| A类 | 同时满足$I_{Ra}$≤1，$I_{\gamma}$≤1.3 | 不受限 |
| B类 | 同时满足$I_{Ra}$≤1.3和$I_{\gamma}$≤1.9 | Ⅱ类民用建筑、工业建筑的内饰面及其他一切建筑物的外饰面 |
| C类 | 不满足A、B类装饰装修材料要求但满足$I_{\gamma}$≤2.8 | 只可用于建筑物的外饰面及室外其他用途 |

## 二、营口玉的放射性测试研究

本研究选择了四种类型8件玉石样品进行了放射性核素检测。在中国地质大学（北京）辐射与环境实验室，用编号为19990007的数字化高纯锗$\gamma$谱仪，测试了8件特征样品的放射性元素比活度。实验样品在22℃室内环境温度、25%～35% RH相对湿度条件下完成，实验结果见表4-2，表4-3。

表4-2列出了玉石样品中放射性元素比活度值。由表可知，四种类型玉石$^{40}$K比活度均小于$4.60\times10^{-3}$Bq/g，在安全值以内；$^{226}$Ra、$^{232}$Th 在C类青铜玉含量最高，A类翠绿玉中最低，在B类墨绿玉和D类云翠玉中变化较大。表4-3列出了实验样品放射性元素内、外照射指数。表中的数值表明，营口玉完全满足国家标准GB 6566—2010对于A类装修材料的要求。A类玉石内、外照射指数低于国家标准约100倍；B、D类玉石虽然比活度测定值变化较大，但是内、外照射指数低于国家标准50～250倍；C类玉石低于国家标准约10～14倍。因此，营口玉可以用来作环保保健材料，使用范围不受限。

表4-2　营口玉放射性元素比活度测试值　（单位：$10^{-3}$Bq/g）

| 样品名称 | $^{226}$Ra比活度 | $^{232}$Th比活度 | $^{40}$K比活度 |
|---|---|---|---|
| A-1 | 1.57±0.61 | 2.22±0.78 | <4.60 |
| A-2 | 3.09±0.40 | 2.25±0.39 | <4.60 |
| B-2 | 0.83±0.22 | 0.54±0.17 | <4.60 |
| B-3 | 6.41±0.73 | 16.69±1.48 | <4.60 |
| C-3 | 17.66±1.31 | 19.82±1.76 | <4.60 |
| C-7 | 13.31±1.19 | 26.76±2.15 | <4.60 |
| D-4 | 1.42±0.38 | 11.88±1.30 | <4.60 |
| D-6 | 3.46±0.62 | 4.64±1.03 | <4.60 |

表4-3　营口玉放射性元素内外照射指数分析表

| 样号 | 内照射指数$I_{Ra}$ | 外照射指数$I_{\gamma}$ |
|---|---|---|
| A-1 | 0.008 | 0.014 |
| A-2 | 0.015 | 0.018 |
| B-2 | 0.004 | 0.005 |
| B-3 | 0.032 | 0.083 |
| C-3 | 0.088 | 0.125 |
| C-7 | 0.067 | 0.140 |
| D-4 | 0.007 | 0.051 |
| D-6 | 0.017 | 0.028 |

# 第二节 营口玉的微量元素研究

## 一、微量元素与人体健康

人体是由各种元素组成的一个有机体。各种元素按其在人体中所占的比例可分为常量元素和微量元素。常量元素共有11种，按含量多少的顺序排列为：O、C、H、N、Ca、P、K、S、Na、Cl、Mg。其中O、C、H、N四种元素占人体质量95%，其余7种约占4%，而其他几十种微量元素仅占1%。微量元素又分为必需元素、非必需元素和有害元素三类。必需微量元素如Fe、Zn、Mn、Cu、Co、Mo、Se、F、Cr、V、Ni等，虽然在体内含量很少，但其在生命过程中的作用不可低估。没有这些必需的微量元素，生物酶的活性会降低或者完全丧失，激素、蛋白质、维生素的合成和代谢会发生障碍，人类生命过程就难以继续进行。非必需元素包括中间性元素（如B和Al）和无毒性稳定元素（如Ti、Zr、Hf、Sc、Y、Nb和Ta等）。有害元素主要有Pb、Hg、As、Cd、Ge、Sn、Sb等，当体内积累到一定浓度，即可表现毒性作用。

下面简要从必需微量元素和有害微量元素与人体生理和疾病两个方面来讨论某些微量元素与人体健康的关系：

### （一）必需微量元素与人体健康

锌是一切生物的必需元素，植物缺锌要枯萎，动物缺锌会死亡，人体缺锌不能发育。锰主要集中在脑、肾、胰和肝组织中，缺锰会造成显著的智力低下，也是糖尿病的重要原因之一。铜在生物体内起催化剂作用，是多种酶的活性成分，在维持生物体内的新陈代谢方面起媒介作用，缺铜会影响中枢神经系统和大脑发育。钼，对于防治人类心血管病和癌症方面有特殊功能，长期缺钼可能是引起心血管病和癌症的原因之一。硒，对人类心脏病和癌症有特殊防御作用，缺硒会导致白血球的杀菌能力显著降低，从而削弱机体对外来细菌的抵御能力。铬，能增强体内胰岛素的作用，是维持正常胆固醇代谢和糖代谢所必需的，因而对糖尿病有积极的治疗作用；但六价铬具有刺激性和腐蚀性，可使胃、肠道和呼吸系统产生一系列疾病，而且肺癌的高发也与六价铬污染有关。

### （二）有害微量元素与人体健康

铅中毒主要是慢性积累作用，表现在一系列的神经衰弱症状，然后可出现贫血、肾炎和高血压，严重时可发生周围神经炎和脑部疾病。镉可以造成生殖系统和神经的严重损害，对肾脏损伤十分明显，前列腺癌、呼吸道癌、肺气肿、肾结石等都与镉污染有关。汞的危害主要表现在中枢神经系统，开始手足和唇舌有针刺或火辣辣的异常感，继而出现视力障碍以及运动失调，严重时产生痉挛甚至全身僵直而死亡。此外汞污染还与肾病高发、性机能失调有关。砷主要是抑制体内酶的正常功能，对神经系统、心血管系统、消化系统、呼吸系统及内分泌系统等都有相当损害。三价砷有剧毒，但多数其他价态砷是无毒的，雄黄（AsS）和雌黄（$As_2S_3$）还作为一种中药使用。在健康人体中，砷是必需元素之一（在红血球中），对生命活动有一定积极作用，同时砷的存在对解除镉、铅毒性有积极作用。

## 二、营口玉微量元素的测试

在北京大学造山带与地壳演化重点实验室用Agilent 7500ce/cs电感耦合等离子质谱仪（ICP-MS）测试了四类营口玉样品的微量元素含量，见表4-4。测试精度RSD<5%。

表4-4　营口蛇纹石玉微量元素含量表　（单位：$10^{-6}$）

| 元素 | A-1 | A-2 | B-2 | B-3 | C-3 | C-7 | D-4 | D-6 | 地壳 |
|---|---|---|---|---|---|---|---|---|---|
| Li | 1.487 | 6.528 | 1.741 | 3.136 | 3.605 | 7.996 | 5.616 | 6.398 | 20 |
| Be | 0.829 | 1.289 | 0.790 | 0.759 | 0.376 | 0.638 | 0.293 | 0.518 | 3 |
| Sc | 6.537 | 11.530 | 5.990 | 8.862 | 9.900 | 8.857 | 6.193 | 4.586 | 11 |
| Ti | 43.570 | 158.500 | 134.400 | 72.320 | 330.700 | 119.400 | 253.300 | 125.800 | 650 |
| V | 10.400 | 21.100 | 32.320 | 27.170 | 65.000 | 19.940 | 22.640 | 26.480 | 60 |
| Cr | 0.655 | 2.160 | 4.372 | 5.565 | 5.278 | 4.222 | 1.779 | 4.243 | 35 |
| Co | 7.372 | 7.027 | 5.612 | 6.325 | 30.590 | 15.000 | 5.706 | 5.577 | 10 |
| Ni | 25.320 | 19.930 | 14.880 | 18.630 | 49.460 | 36.650 | 8.875 | 12.860 | 20 |
| Cu | 1.136 | 1.612 | 0.655 | 1.286 | 8.603 | 4.492 | 0.929 | 5.692 | 25 |
| Zn | 174.900 | 232.400 | 81.990 | 113.100 | 121.300 | 136.300 | 112.700 | 76.690 | 71 |
| Ga | 1.063 | 1.278 | 6.311 | 3.925 | 2.168 | 0.680 | 2.120 | 1.904 | 17 |
| Rb | 0.605 | 0.728 | 3.269 | 0.889 | 0.389 | 0.206 | 4.103 | 2.710 | 112 |
| Sr | 8.083 | 5.851 | 4.928 | 21.960 | 2.462 | 16.170 | 64.460 | 23.350 | 350 |
| Y | 3.790 | 3.265 | 5.034 | 2.814 | 2.071 | 25.230 | 38.040 | 7.960 | 22 |
| Zr | 1.322 | 55.630 | 10.660 | 2.354 | 20.690 | 17.630 | 5.207 | 4.182 | 190 |
| Nb | 2.502 | 2.511 | 0.609 | 0.808 | 7.588 | 1.809 | 1.013 | 0.769 | 12 |
| Cd | 0.031 | 0.288 | 0.018 | 0.017 | 0.032 | 0.074 | 0.201 | 0.034 | 0.098 |
| Sn | 0.671 | 0.826 | 1.134 | 0.774 | 2.088 | 0.502 | 0.495 | 0.341 | 5.5 |
| Cs | 0.169 | 0.214 | 0.856 | 0.290 | 0.041 | 0.032 | 2.083 | 1.930 | 3.7 |
| Ba | 1.264 | 124.200 | 10.750 | 369.600 | 3.436 | 14.050 | 3.526 | 2.962 | 30 |
| Hf | 0.054 | 1.477 | 0.295 | 0.083 | 0.745 | 0.583 | 0.185 | 0.111 | 5.8 |
| Ta | 0.460 | 0.465 | 0.185 | 0.194 | 1.168 | 0.171 | 0.203 | 0.431 | 0.96 |
| W | 0.161 | 0.249 | 0.507 | 0.261 | 9.088 | 3.843 | 0.941 | 0.477 | 2.0 |
| Tl | 0.012 | 0.010 | 0.017 | 0.004 | 0.006 | 0.019 | 0.023 | 0.011 | 0.75 |
| Pb | 0.772 | 4.210 | 1.108 | 3.004 | 1.457 | 2.701 | 1.350 | 0.541 | 20 |

表4-5 有害元素含量与国家标准比较

| 元素 | 铅（Pb） | 镉（Cd） | 汞（Hg） | 砷（As） |
|---|---|---|---|---|
| GB18584-2001规定的限量/μg/g | ≤90 | ≤75 | ≤60 | 未规定 |
| GB7916-1987规定的限量/μg/g | ≤40 | 未规定 | ≤1 | ≤5 |
| 营口玉样品含量最高值/μg/g | 4.21 | 0.288 | 未测出 | 未测出 |

由表4-4可以看出，营口玉中含有V、Cr、Mn、Co、Ni、Cu以及Fe（在营口玉中作为常量元素出现）等7种有益于人体健康的元素，占人体所需微量元素的80%。含有的有害元素有Pb、Cd，不含有其他有害元素如Hg、As等。与国家标准GB 18584—2001《室内装饰装修材料木家具中有害物质限量》条款4和GB 7916—1987《化妆品卫生标准》条款2.3.2相比，营口玉中有害元素含量远低于国家标准规定的限量，见表4-5。

# 第三节 营口玉的远红外辐射性能研究

## 一、远红外线与人体健康

自然界中有无数的红外线辐射体，凡处于绝对零度以上环境中的物体都不同程度地辐射红外线。波长为4～400μm范围的红外线被定义为远红外线，其中波长8～15μm一段与人体发射出来的远红外线波长相近，能与人体内细胞水分子产生最有效的共振，同时具有渗透性，促使皮下深层的温度上升，使微血管扩张，促进血液循环，有效地增强细胞活力，达到活化组织细胞、强化免疫系统的目的。远红外线被人体吸收后能够激活生物分子，增强人体分子内振动，加速人体生物酶合成，提高核酸蛋白的活性；远红外线辐射产生的热能被人体吸收后，人体局部组织温度升高、血管扩张、血流加速，局部血液环境得到改善，细胞吞噬机能提高，人体免疫力增强。因此在8～15μm波段内，材料红外发射率越高对人体健康越有益。

## 二、营口玉的远红外发射率测试和研究

### （一）营口玉的远红外发射率测试

远红外辐射的强弱通过远红外发射率来表示。远红外发射率是指该物体在指定温度*T*时的辐射量与同温度黑体相应辐射量的比值。发射率越大，表明该物体的红外辐射能力越强。本研究在天津大学理学院采用5DX傅里叶变换红外光谱仪（美国NICOLET公司）及其光谱比辐射率测量附件测试了11件样品（照片4-2）在8～15μm波段的红外发射率。光谱范围400cm$^{-1}$～4600cm$^{-1}$，JD-1黑体炉（吉林大学）

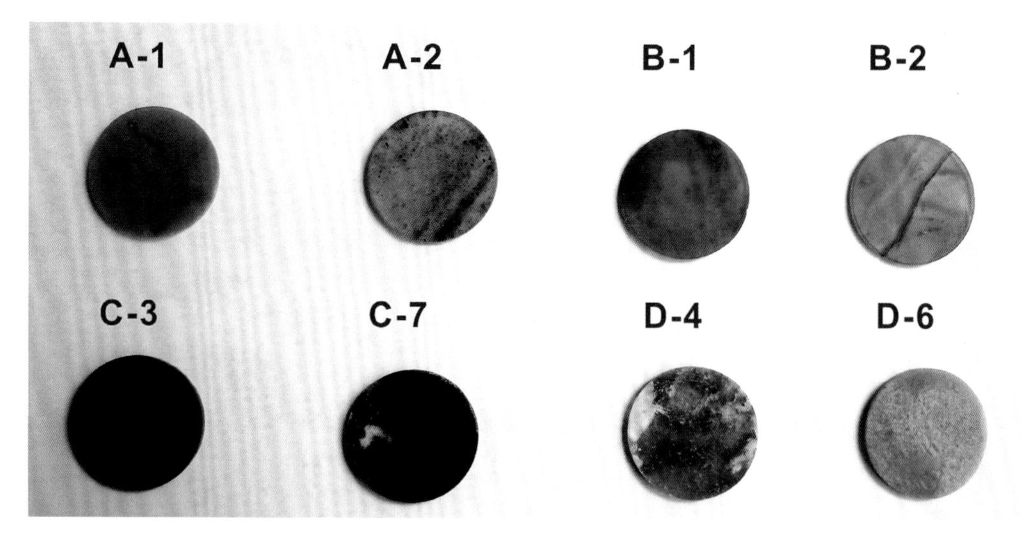


照片4-2　部分远红外发射率实验样品

有效发射率＞0.997，孔径10mm。

将11件玉石样品测试结果与其他天然矿物岩石远红外发射率（表4-6）对比，结果表明，A、B类玉石样品与其他材料相比，远红外发射率偏低；C、D类玉石与电气石相近。总体来看，与电气石、砭石等其他环保保健材料相比，营口玉的远红外辐射性能略弱。

## （二）营口玉远红外辐射机理和影响因素

### 1. 营口玉红外辐射发射机理

固体材料对红外辐射的发射和吸收实质上是分子体系的跃迁偶极矩和振荡电场相互作用的结果。分子中偶极子与外界辐射频率相匹配时，分子由原来的基态振动跃迁到较高的振动能级。发生偶极矩变化的振动会引起可观的红外吸收谱带，这种振动被称为红外活性振动。按照经典的热辐射定律——基尔霍夫定律：$M_{\lambda1}/\alpha_{\lambda1}=M_2(\lambda, T)/\alpha_2(\lambda, T)=E(\lambda, T)$，达到热平衡的物体辐射本领与吸收本领成正比，发射率等于吸收率（$M=\alpha$）。因此固体物质的红外吸收谱带越丰富，红外吸收能力越强，物质的红外发射能力也就越强。营口玉具有较高的远红外辐发射率的本质在于其分子振动具有红外活性。

### 2. 营口玉远红外辐射性能影响因素

由表4-6可见，不同类型营口玉的远红外辐射性能差别较大。本质是因为分子的

表4-6　四类营口玉与其他天然矿物岩石远红外发射率对比

| 样品 | A-1 | A-2 | B-1 | B-2 | C-3 | C-7 | C-9 | C-10 | D-4 | D-6 | D-8 | 电气石 | 砭石 | 青灰色石灰岩 | 白色大理岩 |
|---|---|---|---|---|---|---|---|---|---|---|---|---|---|---|---|
| 远红外发射率 ξ | 0.75 | 0.73 | 0.75 | 0.78 | 0.78 | 0.77 | 0.80 | 0.83 | 0.79 | 0.78 | 0.82 | 0.82 | 0.923 | 0.900 | 0.900 |

红外活性振动状况不同，晶格中存在的缺陷、矿物成分是玉石红外辐射性能的主要影响因素。

（1）晶格缺陷与远红外辐射性能的关系

蛇纹石具有特殊层状结构，结构中少量的$Mg^{2+}$常被$Fe^{3+}$、$Ti^{4+}$、$Mn^{2+}$等过渡元素离子置换，八面体片中半径较小的$Fe^{3+}$、$Ti^{4+}$等置换半径较大的$Mg^{2+}$，导致晶格缺陷和电子空穴，从而降低分子振动对称性。根据对称性选择定律，分子振动时对称性越低，偶极矩的变化越大；高电价粒子置换低电价粒子，振动粒子电荷增多，导致振幅增大。因此，晶体的晶格振动活性增强，远红外发射率增高，红外辐射性能增强。A类玉中，Fe含量降低，Mn、Ti含量增高，远红外发射率则降低；D类玉中，Fe含量相近，Mn、Ti含量降低，远红外发射率相近；C类玉中，Fe、Mn含量最高，红外发射率最高，见表4-7。这说明过渡元素中Fe是影响远红外发射率的主要元素，Mn和Ti可能会产生一些影响。

（2）矿物组成与远红外辐射性能的关系

从表4-7还可看出，Fe含量高的A类玉红外发射率低于D类玉。这可能是不同类型玉石之间，矿物组成不同导致。由XRD实验数据可知，D类玉石含有5%～20%碳酸盐，碳酸盐的比热容比较高，在加热时吸收和储存的能量也比较多，在一定程度上影响了远红外发射率。矿物种类是一个影响因素。含有硼镁石（一种强红外激活性矿物）的玉石D-8远红外发射率也比较高（0.82），是内部红外活性基团多导致。矿物的数量也影响营口玉的红外辐射性能。物相数量增多，红外发射率增高，是由于内部红外活性基团增多引起，见表4-8。

表4-7　远红外发射率与过渡元素的关系

| 样号 | $w(MgO)/\%$ | $w(Fe_2O_3)/\%$ | $w(TiO_2)/\%$ | $w(MnO)/\%$ | ε | ε |
|---|---|---|---|---|---|---|
| A-1 | 41.22 | 4.02 | 0.005 | 0.040 | 0.75 | 减小↓ |
| A-2 | 41.94 | 3.36 | 0.018 | 0.045 | 0.73 | |
| C-10 | 49.73 | 6.28 | 0.005 | 0.103 | 0.83 | 最高 |
| D-4 | 41.18 | 1.88 | 0.033 | 0.071 | 0.79 | 相近↓ |
| D-6 | 41.34 | 1.91 | 0.016 | 0.056 | 0.78 | |

表4-8　远红外发射率与矿物相的关系

| 样品号 | 物相组合 | 物相数 | ε | ε |
|---|---|---|---|---|
| B-1 | 叶蛇纹石+利蛇纹石+白云石 | 3 | 0.75 | ↓增大 |
| B-2 | 叶蛇纹石+利蛇纹石+白云石+蛭石 | 4 | 0.78 | |
| D-4 | 叶蛇纹石+菱镁矿+白云石+斜绿泥石 | 4 | 0.79 | ↓相近 |
| D-6 | 叶蛇纹石+利蛇纹石 白云石+镁铁矿 | 4 | 0.78 | |
| C-10 | 利蛇纹石+橄榄石+斜纤蛇纹石等 | 7 | 0.83 | ↓增大 |

# 第四节　营口玉的负离子释放性能研究

## 一、负离子与人体健康

本研究中的“负离子”系指空气负离子，常见的有$H_3O_2^-$、$OH^-$、$O^{2-}$等，来源于微环境下空气分子的电离作用。电离能使空气分子电离出自由电子，周围空气分子捕获电子变成带负电荷的负离子。被誉为“空气维生素”的负离子被吸入人体后能调节神经中枢的兴奋状态，改善肺的换气功能，改善血液循环，促进新陈代谢、增强免疫力，使人精神振奋、提高工作效率等。

自然界产生负离子有三大机理：一是空气分子受紫外线、宇宙射线、放射性物质、雷电、风暴等因素影响发生电离，产生空气负离子；二是水的喷筒电效应使水分子裂解，瀑布冲击、海浪推卷及暴雨跌失等自然过程中的水，在重力作用下高速运动裂解产生大量负离子；三是森林的树冠、枝叶的尖端放电以及绿色植物的光合作用形成的光电效应促进空气电解产生空气负离子。因此，公园、郊区田野、海滨、湖泊、瀑布附近和森林中更容易产生负离子，负离子含量高；而室内、住宅、社区等负离子含量低，见表4-9。

近年来，人们研究出两种人工获得负离子的途径，一种是通过电子仪器，利用高压电场导致电离产生负离子；另一种则是利用某些天然矿物质具有自发或因外界条件改变（如加热、紫外线照射等）而诱生负离子的特性，经加工而成为负离子产品。例如，有人曾以电气石、蛇纹石等为原料加工成负离子粉纺入或涂覆于织物或墙壁上。

营口玉是天然矿物集合体，没有经过加工的天然玉石是否具有释放负离子的性能引起了人们的广泛关注。

表4-9　不同环境中空气负离子含量

| 环　境 | 负离子含量/个/$cm^3$ | 与人体健康关系 |
|---|---|---|
| 森林、瀑布区 | 10000～20000 | 具有自然痊愈能力 |
| 高山、海滨 | 1000～3000 | 杀菌、减少疾病传染 |
| 郊外、田野 | 500～2000 | 增强人体免疫力 |
| 都市公园里 | 500～1000 | 维持健康的基本需要 |
| 街道绿化区 | 200～500 | 负离子减少容易诱发生理障碍疾病 |
| 都市住宅封闭区 | 100～150 | 易诱发生理障碍、失眠、神经衰弱等疾病 |
| 装空调的室内 | 30～100 | 易诱发“空调病”症状 |

## 二、营口玉负离子发生量的测试及研究

我们在北京航空航天大学材料与工程学院采用ETS-2型能量测试系统对营口玉分别进行了两次负离子释放量测试。

“ETS-2型静态物质能量测试系统”是一台新型的能够测试固体物质在空气中诱导产生正负离子的精密测试仪器。其原理是用两台结构原理相同的采集器，一台载有标准样品（铝板），一台载有被测样品，在相同的环境条件（温度、湿度）下进行测试，将二者所测得的数据利用差分原理比较（相减）后再换算、放大器放大，并经计算机显示，即可得出被测样品诱导感生的真实正、负离子数。

第一次测试于2011年5月进行，分别对四类营口玉（A类翠绿玉、B类墨绿玉、C类青铜玉、D类云翠玉）进行了测试。测试在晴天、20℃温度、30%RH相对湿度室内条件下完成，样品规格均为$\Phi$=45cm，$h$=0.5cm的圆片，200s记录一次实验数据，平均测试时间为4h。

测试结果表明：样品刚送来时均能产生一定数量的负离子，其数量范围在600～1000个/($cm^2$·s)，且较稳定，但数天后再重复测试，结果均为零，亦即与本底无差别。

产生此现象的原因在于：新加工好的样品带有吸附水乃至原有的结晶水分子，经仪器电场的作用，水分子以带负电离子形态扩散至采集器空腔中并到达正极，从而显示负离子数。但经过一定时间后，水分子由于干燥蒸发殆尽，再次在室温下测试则不再产生负离子。

营口玉中蛇纹石族矿物是低对称矿物，为单斜晶系，因此具有自发永久的偶极矩。蛇纹石矿物表面还含有大量活性键，从而具有较高的表面能和良好的化学活性、生物活性和吸附性能，尤其是当其具有顺磁性时，比较容易吸附周围空气中的水分子，使其产生一定的负离子。

根据固体物理学中电气石类晶体材料产生电离负离子理论，某些晶体材料（例如电气石）在受热、紫外线照射、辐照等外界环境因素影响下，表面会带上电荷，称为热释电效应或辐照效应等，进而由于表面带电荷而导致空气中产生负离子。具有热释电效应的晶体实际上都是具有自发极化的晶体（“极性”晶体），由于结构内正负极性电荷中心不相重合而存在固有电矩。带磁性的材料也具有这一特性，但通常由此固有电矩形成的表面束缚电荷总是被来自空气中而附着在晶体外表面的自由电荷所屏蔽，因而并没有表现出来。当晶体的温度变化时，由于发生热膨胀使得结晶体中原来已不相重合的正负电荷再次发生相对位移，从而使晶体自发极化，亦即使它的固有电矩因之改变，但由这种极化形成的表面束缚电荷的改变，一时还未来得及吸引自由电荷使它重新被屏蔽，因而表现出晶体两端带电的现象，从而在空气中诱生负离子。为了验证这一观点，我们进行了第二次测试。

第二次测试于2012年8月进行。对营口仙峰玉石矿有限公司所送7个样品（编号为No.1至No.7）进行了测试，测试结果见表4-10。测试分别在室温、紫外灯照射以及加热后迅速冷却至室温条件下进行。

表4-10 营口玉及相关岩石样品负离子发生量测试结果 [单位：个/（$cm^2$·s）]

| 样号 | No.1 | No.2 | No.3 | No.4 | No.5 | No.6 | No.7 | No.8 | No.9 |
|---|---|---|---|---|---|---|---|---|---|
| 样品名称 | 翠绿玉 | 墨绿玉 | 青铜玉 | 翠绿玉 | 墨绿玉 | 墨绿玉 | 云翠玉 | 未知 | 电气石 |
| 室内恒温 | 0 | 0 | 0 | 0 | 0 | 0 | 0 | 0 | 0 |
| 室温紫外线照射 | 0 | 1200 | 1116 | 620 | 260 | 1080 | 6020 | 0 | 0 |
| 40℃至室温变化中 | 1040 | 2380 | 1440 | 1620 | 1380 | 1400 | 2160 | 620 | / |
| 80℃至室温变化中 | 2460 | 5680 | 3687 | 13000 | 1160 | 9180 | 7100 | 9080 | 1800 |

如前所述，之所以选用紫外线照射下测试，是基于紫外线波长较可见光短，能量更高，某些具有自发极化的岩石晶体材料在紫外线照射下由于能够吸收更多的光能量，基于光释电原理释放出电子，从而产生负离子；而金属（如铝板）则无此现象。这种测试可以用来判断石材在太阳光（含有大量紫外线）照射下能否产生负离子。

在测试完上述7个样品后，又对2012年7月从矿区采回的两种石材进行了测试，一种为未知石材，编号为No.8；另一种为电气石岩，编号为No.9。

No.8样品测试后的数据与No.1相似，即在紫外线照射下不产生负离子，但在加热有温度时产生大量负离子。

No.9较特殊，岩石疏松易碎，不能切成片材测试，只能磨成粉后粘结在玻璃片上测试。7月10日第一次测试时，由于胶水未干透，有水分混入，负离子数高达5万～6万个/（$cm^2$·s），经逐渐干燥后，于7月11日至12日测试，逐渐降低至零，至8月22日再次测试后所得数据见表4-10。

综上所述，营口玉样品由于晶体结构及化学成分等因素影响，在改变环境因素（如受热、辐照、润湿）条件下，能够产生不同数量的对人体有益的空气负离子，特别是带有磁性的材料更加明显，营口玉的这种特性值得进一步开发研究。

综合以上实验研究，可以得出以下认识：

营口玉是一种放射性元素含量极低的玉石，其放射性元素含量远低于国家有关标准，与人体接触完全无害于健康。营口玉含有众多有益于人体健康的微量元素，有害元素含量极少，并且都在安全范围内，可以直接作用于人体皮肤表面。

营口玉具有一定的远红外发射性能，青铜玉、云翠玉远红外发射性能较强，可以直接作为远红外辐射材料使用。在改变环境因素（如受热、辐照、润湿）条件下，营口玉能产生不同数量的对人体有益的空气负离子，特别是带有磁性的材料更加明显。

总体来看，营口玉是一种比较好的天然环保保健材料，开发利用前景广阔。

# 第五章

# 营口玉产业开发与发展的对策建议

辽宁营口玉是蛇纹石质玉的一个新成员，玉石类型多样，有特色，块度大，储量也较大，可称为我国玉石领域的一支新秀，开发利用前景广阔。如何科学合理地开发利用这一宝贵资源，在全面系统和周密的科学研究基础上，制订好营口玉产业发展的近期计划和长期战略规划，至关重要。兹对营口玉产业开发与发展的对策提出一些建议，以供参考。

## 第一节 营口玉产业开发与发展的总体战略思想

科学发展观是我国经济社会发展的重要指导方针，也是我国全面实现小康社会宏伟目标的行动指南。2007年10月，党的第十七次全国代表大会对科学发展观的科学内涵、精神实质、根本要求进行了全面系统深入的阐述，强调指出："科学发展观，第一要义是发展，核心是以人为本，基本要求是全面协调可持续，根本方法是统筹兼顾。"营口玉产业的发展，必须自觉、认真地贯彻落实科学发展观。只有树立这样的总体战略思想，营口玉产业才能开好局，并不断取得新的成绩。具体说来，有以下三点。

### 一、坚持可持续发展的理念

可持续发展的问题，自20世纪80年代提出以来，逐步被世界各国所认识和接受。1992年7月，我国编制了《中国21世纪议程》，从我国基本国情出发，提出了促进经济、社会、资源、环境及人口、教育相互协调的，可持续发展的总体战略和政策、措施、方案。此后，可持续发展一直作为各级政府规划经济和社会发展的重要指导思想和战略方针之一。1997年，联合国国际环境与发展委员会将"可持续发展"定义为："在不牺牲未来几代人需要的情况下满足我们这代人的需求。"这就是说，可持续发展的目标是，既要满足现代人的需求，又要照顾到后代人未来的需求，也就是要满足人类能够过好生活的愿望。2002年11月，党的第十六次全国代表大会将我国全面建设小康社会的目标之一确定为：可持续发展的能力不断增强，生态环境得到改善，资源利用率显著提高，促进人与自然的和谐，推动整个社会走上生产发展、生活富裕、生态良好的文明发展道路。

可持续发展是时代的需求，各行各业都要贯彻。玉石是一种特殊的矿产资源，不仅不可再生，而且稀少珍贵。有的玉石矿山由于没有按可持续发展的理念运行，有过沉痛的经验教训。对玉石这种不可再生，又是创作文化产品的宝贵资源的开发利用，必须有长远的眼光，树立细水长流的指导思想，进行有计划的、有序的、限量的、保护性开采，要立足现在，放眼长远，切忌只顾眼前、不顾长远、急功近利、有水快流的想法和做法。

### 二、坚持循序渐进、稳扎稳打的方针

营口市过去没有玉石开采、加工、销售的经历，现在玉产业的建立和发展，不可一哄而上，全面开花。要认真学习和借鉴其他地方玉产业建立和发展的经验，结合自身特点，作出科学规划，分期分批，有步骤地、一步一个脚印地去做，循序渐进，稳扎稳打。

### 三、打响第一炮，树起好名声

营口玉是一类有特色的蛇纹石玉，它的开发利用虽然起步晚，但重要的是利用好自己的特色，发挥好自己的优势，在进入市场的初期，就要千方百计地打响第一炮，树起好名声，把开篇文章做好，做到起步晚、走得稳、发展快。

## 第二节　营口玉资源的合理开发和利用

玉石是玉雕工艺品的物质基础，是传承中华玉文化的载体。玉石资源如不能持续供应，那就是无米之炊。我国许多玉石矿山的开采经历告诉我们：只有细水长流，才能确保玉石资源的可持续供应。营口玉矿如何开采，如何经营，从一开始就要按可持续发展的理念去谋划。

### 一、摸清家底，做到心中有数

营口玉矿是在硼矿开采过程中被逐步认识的，过去没有以此为主题进行过勘探，现在也不可能重新勘查，但在硼矿地质勘探过程中，已获得的有关玉矿的地质资料，要很好地整理、分析、利用。现在13～15号勘探线之间有2条矿脉，在4号勘探线有1条矿脉，根据这一资料可算出玉石的储量。还有什么资料可以利用的，要继续发掘。

在50多年硼矿开采过程中形成的巷道、开采面等，都揭示出玉石矿脉及一些新情况，要有地质人员对这些情况进行观测、记录和分析。这些情况不仅对认识玉石矿脉的赋存状态、计算储量有用，而且对制订开采计划也十分有用。

现在对营口玉分为四类，要设法查清每类玉石的数量和质量。

在开采硼矿过程中已采出的玉石也要算一笔账。

采取以上这些措施都是为了摸清家底，做到心中有数。

## 二、坚决采用采矿新工艺

玉石资源的开发，要坚持开发与节约并重，开发与保护并行，把节约放在首位，在保护中开发，在开发中保护，最大限度地发挥经济效益、社会效益和环境效益。许多玉石矿山都使用常规的“爆破浅孔留矿法”采矿。这种采矿方法是开采金属矿的方法，不适合开采玉石。用这种方法开采玉石，玉石采收率很低，浪费太大，必须坚决摒弃。辽宁省国土资源厅1997年6月起在岫岩县玉石矿试验“切割落矿干式充填人工矿柱采矿法”，于2000年12月取得圆满成功，使采收率和利用率均可达到80%以上，从而可以降低矿山生产成本，提高企业的经济效益。初步测算，将使每个矿块的经济效益提高3～5倍。

营口玉的突出特点是块度大，在开采中更要采用先进的、合适的采矿方法，设法保持玉料的大块度，提高玉石采收率和利用率，这对提高营口玉的使用效益和经济效益是非常重要的。

## 三、综合评价，综合利用

在大石桥市后仙峪地区，过去是开采硼矿，现在同时要开采玉石矿，但矿区还有蛇纹石化橄榄岩、黑云电气变粒岩、蛇纹石化大理岩等。现在已知蛇纹石化橄榄岩已经是一种可利用的资源，电气石的利用也正在探索，蛇纹石化大理岩是否有用也要作些探索。总之，在采矿过程中，一定要综合评价、综合利用，提高资源的利用率。在采矿过程中形成的碎料，如何利用也要作出安排。同时，要建设绿色矿山，将资源的数量、质量和生态保护三者的管理统一起来。

## 四、制订玉石开采的长期规划和近期计划

根据玉石储量和市场需求综合考虑，制订长期规划和近期计划，并在此基础上，确定年度采矿计划。对采出的玉料要分出种类和等级。多少玉料出售，多少玉料留下来作玉雕，也要通盘考虑。总之，这一池“水”，一要流，二要细水长流。

## 五、两块巨大玉体问题

目前发现的营口玉块体大的很多，开采出来的百吨以上的已有几十块，而且井下尚发现有两块巨大玉体，这是非常珍贵的。其中小的一块大玉体，估计约660t（照片5-1），可设法提升到地面，根据玉石的质量再定处置方案。大的一块大玉体，估计约2065t（照片5-2），已作为世界上最大的单体蛇纹石玉原石于2014年4月被上海大世界基尼斯之最收录（照片5-3）。目前看，如此大的玉体，提升到地面比较困难，可学习缅甸巨型翡翠玉（3000t）的处置办法，在地下搞个“地下玉石博物馆”。

照片5-1　重约660t的营口玉大玉体

照片5-2　重约2065t的营口玉大玉体

上海大世界基尼斯总部

大世界基尼斯
CHINA RECORDS

大世界基尼斯之最

最大的单体蛇纹石玉原石（井下开采）

重：2065吨

该蛇纹石玉原石由营口仙峰玉石矿有限公司2009年8月开采于辽宁省营口大石桥市黄土岭镇红峰村（五〇一矿），最长处18米，最宽处13米，最高处8米，呈绿色。

NO：03126
2014.04

王以章　陈轩

照片5-3　基尼斯之最

# 第三节　营口玉玉雕产品的开发方向

利用营口玉作玉料，创作玉雕工艺品，要坚持精品战略，以质取胜。这样可以提升人们对营口玉的认知，增强营口玉的吸引力，提高营口玉玉雕工艺品的文化价值、欣赏价值、收藏价值。

## 一、根据营口玉不同类型玉石的特色，创作合适的玉雕工艺品

营口玉的类型有翠绿玉、墨绿玉、青铜玉、云翠玉4种，根据不同类型玉石的特色，现已制作出的玉雕工艺品有以下几种类型：

### （一）仿青铜器玉雕品

铜器时代是人类历史发展的一个重要时期。中国的铜器时代大约自夏朝开始，鼎盛于商、周两代，历经大约1500年，以后进入铁器时代，但铜器的制作在历朝历代一直延续不断。青铜器是中国古代文化的重要组成部分，不仅器物种类繁多，而且造型庄重华丽，纹饰精湛优美，铭文内容丰富。它是既往历史和时代精神的形象记录，从中可以观察不同时期的民俗风貌和礼仪制度，可以感知社会风貌和社会心理，体验古人的悲欢与爱憎，有重要的历史价值和超凡的艺术价值，因此，青铜器一直受到人们的喜爱和珍惜，成为人们收藏的重要文化艺术品。

青铜玉在磨制抛光后，所呈现的整体色泽和组构特征，与古代青铜器外观极为相似，非常适宜用来仿雕古代青铜器件，给人以古朴、高雅和端庄之感。岫岩中华古典玉器研究所所长李世波先生率先利用青铜玉仿制青铜器，开创了青铜玉一种极好的用途，获得很大的成功。通过青铜玉仿制青铜器，再现古代青铜器的历史文化光辉和风范，将我国灿烂的玉文化与青铜器文化紧密结合起来，弘扬中华民族璀璨的传统文化，是玉雕界的一大创举，仿青铜器玉雕品因而具有很高的艺术价值和收藏价值。如：

1. 青铜玉牺纹尊（神鹿）

*长28cm，宽12cm，高26cm*

西周早期盛酒器，原器出土于陕西长安张家坡井叔墓地。造型为站立的怪兽，兽背有盖，盖钮上立一鸟，兽的颈部附着一虎，胸前及臀部各伏一条龙（照片5-4）。

照片5-4　青铜玉牺纹尊（神鹿）

### 2. 青铜玉九龙香炉

*长20cm，宽15cm，高16cm*

炉体分三部分：盖、身、腿，是仿清乾隆年间作品，存放香料的器物。盖上浮雕二条云龙戏珠；圆身周围共浮雕有七龙，前面雕有一条大龙，大龙左右各有一条小龙相对，圆身后边雕有二龙戏珠，圆身东西各有一龙吸环相对；炉腿选用三狮子腿支起炉身和盖。整体设计精美绝伦（照片5-5）。

照片5-5　青铜玉九龙香炉

### 3. 青铜玉虎头觥

*长21cm，宽9cm，高16cm*

商代晚期青铜器，原器现藏美国哈佛大学艺术博物馆。盖作虎头形，虎耳翘起，张口露齿，形象威猛。器腹为虎身，前腿卷曲，后腿蹲踞，虎头粗尖喙翘起，虎背上一条小龙沿脊而下，形状如棱脊。盖尾部饰鸮首纹，双角尖尖喙翘起，器后部两侧饰羽翼纹，器盖相合，俨然一个完整的鸱鸮（猫头鹰一类的鸟）。此觥将造型与纹饰巧妙地结合为一体（照片5-6）。

照片5-6　青铜玉虎头觥

## （二）传统工艺品

传统玉雕工艺品一般分为素活、人物、花鸟、动物、花卉等五类。所谓素活，就是仿制秦汉以前的炉、瓶、鼎、熏等古器物。所谓人物，除佛像外，古代神话、寓言、典故、民间传说、戏曲、小说中的人物都可入作，近现代人物也可入作。花鸟、动物、花卉类的玉雕作品更是多种多样。

根据不同特色的营口玉玉料，玉雕师已制作出许多不同题材的玉雕工艺品（照片5-7～照片5-42）。

### 1. 三面观音

玉料：墨绿玉　长60cm，高105cm

照片5-7　三面观音之滴水观音

照片5-8　三面观音之持书观音

照片5-9　三面观音之莲池观音

## 2. 乐佛

玉料：翠绿玉　长*26cm*，高*32cm*

照片5-10　乐佛

### 3. 八仙

玉料：墨绿玉　长150cm，高125cm

照片5-11　八仙

### 4. 吉庆有余

玉料：翠绿玉　长60cm, 高30cm

照片5-12　吉庆有余

### 5. 白菜（白来财）

玉料：墨绿玉　长30cm，高30cm

照片5-13　白菜（白来财）

6. 貔貅

玉料：墨绿玉　长30cm，高20cm

照片5-14　貔貅

### 7. 代代封侯

玉料：翠绿玉　长20cm，高23cm

照片5-15　代代封侯

8. 鹏程万里

玉料：墨绿玉　长31cm，高30cm

照片5-16　鹏程万里

## 9. 关公

玉料：墨绿玉　长*56cm*，高*40cm*

照片5-17　关公

## 10. 五福如意

玉料：墨绿玉　长62cm，高25cm

照片5-18　五福如意

## 11. 吉祥如意

玉料：云翠玉　长50cm，高52cm

照片5-19　吉祥如意

## 12. 平安长寿

玉料：云翠玉　长*43cm*，高*50cm*

照片5-20　平安长寿

13. 三阳开泰

玉料：云翠玉

照片5-21 三阳开泰

14. 福禄寿禧

玉料：云翠玉　长43cm，高61cm

照片5-22　福禄寿禧

### 15. 九龙戏珠

玉料：云翠玉

照片5-23　九龙戏珠

16. 童趣

玉料：墨绿玉

照片5-24　童趣

## 17. 大展宏图

玉料：云翠玉　长65cm，高41cm

照片5-25　大展宏图

## 18. 连年有余

玉料：云翠玉　长*80cm*，高*55cm*

照片5-26　连年有余

## 19. 五谷丰登

玉料：墨绿玉　长*51.5cm*，高*33.5cm*

照片5-27　五谷丰登

20. 金猴嬉桃

玉料：翠绿玉　长55cm，高55cm

照片5-28　金猴嬉桃

## 21. 金戈铁马

玉料：墨绿玉　长40cm，高30cm

照片5-29　金戈铁马

## 22. 吉祥如意

玉料：翠绿玉　长45cm，高30cm

照片5-30　吉祥如意

### 23. 生意兴隆

玉料：翠绿玉　长30cm，高35cm

照片5-31　生意兴隆

## 24. 驷马仰秣

玉料：翠绿玉　长24cm，高26cm

照片5-32　驷马仰秣

## 25. 猴马相合

玉料：翠绿玉　长42cm，高34cm

照片5-33　猴马相合

## 26. 御龙练马

玉料：翠绿玉　长45cm，高42cm

照片5-34　御龙练马

## 27. 吉庆有余

玉料：翠绿玉　长36cm，高40cm

照片5-35　吉庆有余

28. 如意葫芦

玉料：翠绿玉　长43cm，高45cm

照片5-36　如意葫芦

## 29. 天马行空

玉料：墨绿玉　长39cm，高35cm

照片5-37　天马行空

## 30. 猴爬葫芦

玉料：翠绿玉　长28cm，高46cm

照片5-38　猴爬葫芦

### 31. 马上封侯

玉料：翠绿玉　长25cm，高26cm

照片5-39　马上封侯

32. 群马游春

玉料：翠绿玉　长60cm，高65cm

照片5-40　群马游春

## 33. 连年有余

玉料：翠绿玉 长40cm，高38cm

照片5-41 连年有余

### 34. 走向成功

玉料：翠绿玉　长*42cm*，高*34cm*

照片5-42　成向成功

### （三）旅游工艺品

旅游工艺品（照片5-43、5-44、5-45），包括佩饰、器具、文玩等，有的是装饰品，有的有实用性，有的具欣赏性、收藏性，有的可作保健用品。改革开放以后，随着人民生活水平的提高、旅游业的发展，这类工艺品的需求量增加，人们在旅游时常购买这类工艺品，故暂归类为旅游工艺品。

照片5-43　营口玉项链

照片5-44　营口玉挂件

照片5-45　营口玉按摩器

## 二、玉雕工艺品设计理念要创新，与时俱进

玉雕工艺品之所以受到人们的喜爱，主要在于它是传承中华几千年优秀文化之作，在于其具有丰富的文化内涵和浓郁的民族特色，在于其具有优雅的艺术欣赏价值。创作优秀作品关键在于出新、出奇、出巧。每件优秀的玉雕工艺品都应该是独具创意和匠心的“独品”。

随着国家经济的发展，人民生活水平和文化素质的提高，以及对外交流的扩大，玉雕工艺品作为礼品、旅游纪念品、观赏品、珍藏品，将会日益受到人们的青睐，对玉雕工艺品的要求也会日益提高。这就要求玉雕品在传统设计和技艺的基础上，与时俱进，不断创新，丰富作品的文化内涵，提高作品的艺术水平，用我国的先进文化指导玉雕工艺品的开发和艺术创作，使传统文化与现代文化结合，民族性与国际性结合，不断推陈出新，创作出精品。文化艺术品的创新是无止境的。

营口玉雕工艺品在题材上要有新意。要多创作弘扬中华民族精神和传统美德的作品。传统的人物、花鸟、动物、花卉等，在设计和组合上也要不断有新的寓意。要古为今用，以今为主，丰富与充实玉文化，使之具备时代特征和与时俱进的品质，弘扬先进文化。

## 三、抓住机遇，出一批大、中、小件精品

作为营口玉雕工艺品的开篇之作，建议邀请玉雕大师创作一批精品，根据不同类型的玉料，设计、雕刻成不同主题的玉雕工艺品，大、中、小件都有，如能有百十余件就更好。这些作品可在营口公园，辽宁、北京等地的玉器市场，有关的玉雕展览会，后仙峪矿区等场所展示销售。还可以选取一些文化底蕴丰厚的题材雕几件大件。如：司母戊大方鼎是商代后期王室祭祀用的青铜器，是迄今为止出土的最大最重的青铜器；毛公鼎是西周晚期宣王时期的青铜器，是迄今出土的铭文青铜器中字数最多的青铜器；渎山大玉海是我国现存的、最早的特大型玉雕，现置于北京市北海公园团城上的承光殿前玉瓮亭。

# 第四节　营口玉产业链的建立与经营

据业内人员初步估计，目前全国每年玉器市场的营销额在200～300亿元。长期以来，北京、上海、扬州、广州一直是我国产销玉器的4座重要城市。一个时期以来，又出现了6个玉雕的产销基地，即：辽宁岫岩玉雕产销基地，河南南阳、镇平玉雕产销基地，广东四会、平洲、揭阳翡翠产销基地，云南昆明、腾冲及瑞丽、盈

江翡翠产销基地，福建寿山石玉雕产销基地，浙江青田石玉雕产销基地。这6个玉雕产销基地，竞争激烈，繁荣了我国玉器市场。

营口玉投入市场，既有挑战，也有机遇，关键是要把握机遇，经营好营口玉产业链。

## 一、统筹规划

从矿山开采、玉料销售、玉器雕琢、质量检测、产品包装、商品推介和销售、市场调研、旅游开发等方面，形成一个产业链条。这些产业在营口市、大石桥市、后仙峪地区怎么设置，怎么安排，要在市场调研的基础上作好规划。要学习其他地区的经验，特别是就近学习借鉴岫岩的经验和技术，要组织好队伍，对从业人员要进行培训。

## 二、科学采玉

前面已经提到，玉石开采要按照可持续发展的理念去谋划，在摸清家底的基础上，订出开采玉石的长远规划和近期计划。要采用先进的采矿方法，保持玉料块度大的特色和优势，提高玉石采收率和利用率。要综合采收、利用矿山的多种资源。

## 三、玉器雕琢

玉器雕琢对营口仙峰玉石矿来说是一个新的领域，为了能尽快上马，又稳步前进，可以考虑：首先委托岫岩等地的一些玉雕大师雕琢一些玉雕精品，作为示范；也可以与一些玉雕力量比较雄厚的地区进行合作；同时，积极筹划在当地建立玉雕作坊，吸引岫岩、南阳等地的玉雕人员来此作为骨干，吸纳一些玉雕学校的毕业生来此创作，并吸收当地人员参加工作，经过培训，在实践中提高，逐步形成一支玉雕队伍。

## 四、玉料销售与玉器销售

玉料要划分等级，拉开档次。等级料要进入玉石原料交易市场，可以采用定期按级拍卖的方式进行销售，做到等级玉料的销售透明、公开、公平、公正。玉器销售可考虑两个“优先”，即：优先在辽宁、河南、北京、上海等地打开市场；优先在旅游比较发达的城市开拓市场。从事玉料和玉器营销的人员要十分重视市场调研，并适时反馈，以指导生产。

## 五、发展“营口玉文化游”

随着人民生活水平的提高，旅游日益成为人们喜爱的一项活动。开展“营口玉文化游”，既可满足人们休闲娱乐的要求，融自然景观与人文景观的欣赏于一体，又丰富了旅游者的文化生活，让更多的人了解玉文化，扩大营口玉的影响，还可带动营口玉产业的发展，带来很好的经济效益和社会效益。首先可以吸引大石桥市、营口市、辽宁省及东北地区的旅游者。为此，要做好准备，丰富“营口玉文化游”的内容。可以考虑：

在营口公园设一个“营口玉展览厅”，可展览质量好的营口玉玉石、玉雕精品，也可设一个玉雕工艺品销售点。

在大石桥市公园等地也可设“营口玉展览厅”。

适当时候在后仙峪矿区可以建一个“营口玉矿山公园”，矿山的巷道、开采面可以让人参观，向观众解释玉石的形成、开采等知识；前文提到的一块巨大玉体，如拉不上来，可建一个“地下博物馆”，在矿区可建一个展览厅，摆放各种营口玉玉石和玉雕精品，还可设玉雕工艺品的销售点。

有关专家建议利用原矿洞，做一个千佛洞，发挥营口玉体积大的优势，在洞壁雕琢千姿百态的玉佛，进行旅游资源开发。这样一方面有利于保护玉石资源，避免开采、搬运时可能造成的玉石切割、损坏；另一方面还可以借助当地山水生态环境优势（据测定，该矿洞的负氧离子浓度达30000个/$cm^3$～50000个/$cm^3$，见附2），发展旅游事业，走可持续发展之路。

# 第六章

# 营口玉玉雕精品欣赏

# 第一节　玉雕品评价的基本要素

当人们见到一件玉雕品时，总是会想：这件玉雕品质量怎样，品味如何，也就是说，要对这件玉雕品作出一个评价。玉雕品作为工艺美术品，是造型艺术与玉雕技艺的结合，是物质文明与精神文明的结合，既有实用价值，又有审美价值。玉雕品的评价，一般可以从以下五个方面加以考察。

一看玉料质量。不同品种的玉料，质量是不同的，因此，首先要考察玉料的质量。同种玉料的质量也有差异，因此，还要具体考察其细腻程度、颜色、光泽、透明度、净度等。玉料以质地细腻、晶莹剔透、色彩浓淡均匀、清洁无瑕为好。质地越细腻，其透明度也越高，即“水头足”，雕出的玉件显得水灵而有生气。

二看玉石使用。好的作品都是对玉石的质、色取舍恰当，剜脏遮绺或剜脏去绺，形、色美观，巧用俏色，摆放平稳。

三看造型设计。玉雕品的造型与纹饰，应该既有多样变化，又有整体的统一，并处理好对称与平稳、稳妥与比例、反复与节奏、对比与调和、空间与层次等辩证关系，使作品主题突出，布局合理，造型美观，层次分明，协调统一，产生好的美学效果。对文学品味浓的作品，还要动态传神，情节感人。

四看工艺质量。好的玉雕工艺要体现出玉雕品的造型美，在线条上要棱角分明，各部位比例准确周正，特征鲜明准确，轮廓清晰，细节突出。抛光洁净、明亮、圆润、均匀。玉料的装潢要与玉件匹配和协调。

五看艺术价值。玉雕品作为一类工艺美术品，对艺术上的追求是其主要目标，它主要反映在艺术风格、艺术韵味、艺术创新等方面。玉雕品的艺术风格，反映了一种思想观念、审美理念、精神气质。如果作品在思想内容和艺术风格上，不但为人们所乐于接受，而且有益于身心健康，使人的感情得到净化，思想得到提高，就会被誉为风格高雅。玉雕品的艺术韵味，反映在作品的构思、设计、主题上，表现为作品是否内涵丰富，充满灵气，给人留下无限的想象空间，玉雕品既要继承传统，更要在题材、材料、工艺等方面有所创新。

此外，玉雕品作为一种商品，在评价时，也要考虑其成本、市场需求、市场竞争等市场因素。

玉雕创作，是通过作者对玉石进行艺术加工，使贵重的玉石与高超的技艺有机结合，从而产生浓郁的艺术性和欣赏性，使玉雕品具有很高的自然美、艺术美、技艺美。玉雕精品，是指高水平的玉雕品，除在玉石使用、造型设计、雕琢工艺等方面均属上乘外，还要有一些独到之处。例如，有的作品，主题新颖，立意深远，使作品不同凡响，给人以深刻的文化熏陶和愉悦的美的享受，堪称独具匠心的佳作；有的作品，在题材、设计、加工工艺等方面，均有推陈出新的创举；有的作品，具有非凡的神韵；有的作品，在雕琢工艺中，运用薄胎技艺、梁链技艺、镂空技艺等难度很大的、特殊的技艺；有的作品，运用巧妙的俏色艺术，依材施艺，做到一巧、二俏、三绝，使玉料颜色利用与造型设计浑然一气，具有很高的艺术品位。

## 第二节　营口玉玉雕精品欣赏

以营口玉作玉料，已雕出一些作品，营口玉玉雕品玉质上乘，工艺精湛，许多作品寓意深邃，具有很高的艺术性、欣赏性，被誉为精品佳作。有些作品获国家专利，有些作品在各种评比中获奖。现仅撷取少量精品略作介绍。

### 一、仿青铜器玉雕品

“仿青铜器玉雕品”是以中国古代青铜器为题材，以营口青铜玉为玉料，雕刻成仿青铜器的古典玉器。

营口青铜玉整体色泽和组构与古代青铜器外观极为相似，因此，青铜玉非常适合用来雕刻仿青铜器的古典玉器。

仿青铜器玉雕品与古代的青铜器，造型不变，纹饰不变，材料选择上保持青铜器的特色。作品要体现出似雕非雕，似铸非铸，介于雕与不雕之间，使雕魂与铸魂整合在一起，给人以古朴、高雅、端庄之感，有独具特色的风格。它以雄伟的造型、古朴的纹饰、精湛的雕刻工艺，再现了历史年代工匠们智慧劳动所创造的灿烂的古代文明，将青铜文明与玉雕文明结合起来，让历史在说话、古代文明在说话、现代文明在说话。它不仅是中华玉文化宝库中的艺术瑰宝，也是中国玉雕史上的创举，填补了中国玉雕史上的一个空白，是中国玉雕史上的一颗璀璨明珠，具有很高的历史价值、艺术价值、收藏价值，也是珍贵的文物性礼品。

仿青铜器玉雕品是以李世波先生为所长的岫岩中华古典玉器研究所设计、制作的。青铜玉玉雕工艺品双羊尊、克鼎、中华鼎、四羊方尊、牛觥、旗觥、父乙觥7件作品，于2009年4月1日获中华人民共和国知识产权局外观设计专利证书；羊觥于2009年5月6日获中华人民共和国知识产权局外观设计专利证书。现将这8件仿青铜器玉雕品介绍如下。

## 1. 青铜玉双羊尊

玉料：青铜玉　长19cm，宽9.0cm，高18.7cm

设计：谢延坤

尊，古时祭祀盛酒之礼器。双羊尊属商朝晚期。

该器设计奇特巧妙。器左右以羊之前躯接合，盛酒器颈置于双羊背上，下部以四足为支柱，腹部装饰鳞毛，整体线条精美细致。双羊尊象征双手献酒，吉祥如意。

原器已流失国外，现藏于英国不列颠博物馆（照片6-1）。

照片6-1　青铜玉双羊尊

## 2. 青铜玉克鼎

玉料：青铜玉　长12cm，宽12cm，高13.5cm

设计：谢延坤

鼎，在古代为食器，后为上层阶级礼器，用于祭祀、宴飨礼仪等。

在古代，鼎是区分权力、等级的一种标志。夏、商、周时期，天子用九鼎，大禹铸九鼎以象征九州。鼎已成为象征华夏九州同一的传国之宝。

克鼎的腹部由九条宽环带纹组成九山之象，山谷中以涡纹水相配，构成一幅山河壮丽图画。"克"为西周上层贵族，为纪念歌颂先祖及王室业绩而特制克鼎。

原器于清光绪年间在陕西省扶风县法门寺任村出土。现藏于上海博物馆（照片6-2）。

照片6-2　青铜玉克鼎

### 3. 仿中华鼎玉

玉料：青铜玉　长12cm，宽12cm，高13.5cm

设计：谢延坤

中华鼎纹饰精美古朴，鼎腹由九条宽带纹组成九山之象。山谷中以涡纹为水组成一幅九州大同、江山一统的壮丽书画。江山云水之上饰有两两相对六条大龙，加上三条小龙，寓意大陆和港、澳、台。镶嵌三颗火珠，形似太阳，意即“三阳开泰”。

1997年8月，江泽民主席以中华鼎为主器，点燃了奔向21世纪的熊熊火焰（照片6-3）。

照片6-3　仿中华鼎玉

## 4. 青铜玉四羊方尊

玉料：青铜玉　长15cm，宽15cm，高15cm

设计：谢延坤

商后期。盛酒器。

该器方口，大沿，长颈，高圈足。颈饰三角夔纹和兽面纹。肩饰高浮雕蛇身而有爪的龙纹，龙首探出器表，从方尊每边右肩蜿蜒于前肩的中间。肩部四隅是4个卷角羊头，尊腹即为羊的前胸，羊腿则附于高圈足上。羊的前胸及颈背部饰鳞纹，两侧饰有美丽的长冠凤纹。圈足上是夔纹，整体饰有细雷纹。器四周和中间等分线上都设有棱脊。在商代，此器形体的端庄典雅是无与伦比的。

原器1938年于湖南宁乡月山铺出土。现藏于中国国家博物馆（照片6-4）。

照片6-4　青铜玉四羊方尊

## 5. 青铜玉牛觥

玉料：青铜玉　长18.7cm，宽9.0cm，高13.7cm

设计：李世波

商后期。盛酒器。

该器通体作牛形，有盖，头前部略残，盖饰龙纹，龙首起短棱脊。牛颈下饰夔纹，胸饰兽面纹，并有棱角。躯两侧各饰大凤鸟纹。此作品有龙凤呈祥、风调雨顺之意。

原器1977年于湖南衡阳出土。现藏于湖南省博物馆（照片6-5）。

照片6-5　青铜玉牛觥

## 6. 青铜玉旗觥

玉料：青铜玉　长25cm，宽11.5cm，高18cm

设计：李世波

一名旂觥。西周前期。盛酒器。

该器长方体，圈足。器前端为兽形，后有兽首与鸟组合，有象鼻形垂珥。盖前端为一垂角兽，獠牙巨鼻，后端作兽面，巨目咧嘴，眉作卷曲龙形。盖上两侧饰顾首蜷尾夔龙一对。觥体上前部有流，纹饰与觥盖一致。主体纹饰为大兽面纹，流、口后沿及圈足均饰回形夔纹。全器中线及四隅设有透雕棱脊。

原器1976年陕西扶风县变庄白家村出土。现藏于陕西周原博物馆（照片6-6）。

照片6-6　青铜玉旗觥

### 7. 青铜玉父乙觥

玉料：青铜玉　长17cm，宽7.5cm，高16cm

设计：李世波

商后期。盛酒器。

该器椭圆体，圈足，兽首盖。兽首是想象中动物的头部，两角中间浮雕一龙，长体卷尾。盖后端作牛首形。腹饰大凤纹，凤爪置于圈足，大凤背部置一小凤，圈足饰长尾上卷凤纹。盖器同铭“戕父乙”三字，是戕氏为父乙所作的祭品。

原器现藏于上海博物馆（照片6-7）。

照片6-7　青铜玉父乙觥

### 8. 青铜玉羊觥

玉料：青铜玉　长18.5cm，宽7.5cm，高16.5cm

设计：李世波

商后期。盛酒器。

该器通体作绵羊形，背上为盖，盖钮为一立夔和一立鸟，立夔伏于绵羊颈项间，立鸟于夔后。绵羊作静立状，头上两卷角十分醒目，四蹄足较粗，尾低垂。其盖面饰有饕餮纹，器身饰有龙身凤首的长形花纹。此器为祭器，通身纹饰非常精美，用各种神话传说的动物装饰，表现出强烈的祭器特征，有龙凤呈祥、风调雨顺之意。

原器现藏于日本藤田美术馆（照片6-8）。

照片6-8　青铜玉羊觥

## 9. 双羊尊玉玺

玉料：青铜玉　长12cm，宽12cm，高22.5cm

设计：谢延坤

（照片6-9）

照片6-9　双羊尊玉玺

## 10. 四羊方尊玉玺

玉料：青铜玉　长*12cm*，宽*12cm*，高*18.5cm*

设计：谢延坤

（照片6-10）

照片6-10　四羊方尊玉玺

## 11. 羊觥玉玺

玉料：青铜玉　长12cm，宽12cm，高20cm

设计：谢延坤

（照片6-11）

照片6-11　羊觥玉玺

12. 牛觥玉玺

玉料：青铜玉　长12cm，宽12cm，高17cm

设计：谢延坤

（照片6-12）

照片6-12　牛觥玉玺

## 13. 父乙觥玉玺

玉料：青铜玉　长12cm，宽12cm，高20cm

设计：谢延坤

（照片6-13）

照片6-13　父乙觥玉玺

## 二、获奖玉雕工艺品

辽宁岫岩刘忠山先生利用营口玉雕刻了许多工艺品，其中有不少作品获奖，计2010年百花奖金奖1项，优秀作品奖1项；2010年玉星奖银奖1项，优秀作品奖4项；2010年天工奖优秀作品奖1项；2011年玉星奖优秀作品奖2项。现将这10项获奖作品介绍如下。

### 1. 诉语

玉料：翠绿玉　　规格：28cm × 28cm

设计：刘忠山　　制作：滕希彬

获得奖项：2010年中国百花奖优秀作品奖

作者将现代文化艺术与古典文化相融合，利用深浮雕和框架的手段，突出现代文化的浪漫主义色彩（照片6-14）。

照片6-14　诉语

### 2. 琴声

玉料：翠绿玉　　　　　　规格：75cm × 58cm

设计：刘忠山、李红伟　　制作：滕希彬

获得奖项：2010年中国百花奖金奖

该作品突破传统题材，利用竖琴与花交错之美，准确抓住玉质特性，突出了整体的静雅之美。整个作品体现了“若言声在指头上，何不于君指上听”的文化内涵。

作品的设计让人感受到了浓厚的文化气息以及来自历史沉淀的灵韵，属于中国古典文化的精华（照片6-15）。

照片6-15　琴声

### 3. 烟雨阁

玉料：翠绿玉　　　　　规格：28cm × 36cm

作者：刘忠山、陈国兴

获得奖项：2010年玉星奖银奖

作品构思新颖，极具透视效果，在平面上的浮雕，利用亚光处理方式将空间延伸，表现出烟雨中的江南美景，将江南古典色调表现得淋漓尽致，画面美感丰富动态，充满诗情画意（照片6-16）。

照片6-16　烟雨阁

### 4. 琵琶魂

玉料：翠绿玉　　　　　　规格：*45cm × 56cm*

设计：刘忠山　　　　　　制作：滕希彬

获得奖项：*2010*年玉星奖优秀作品奖

该作品在中国古典传统题材的基础上加以创新，利用琵琶与鲜花交错之美，准确抓住玉质特质，突出了整体的静雅之美，鸟儿的点缀使画面更富动感（照片6-17）。

照片6-17　琵琶魂

### 5. 梅兰芳

玉料：翠绿玉　　　　　规格：*20cm × 22cm*

设计：刘忠山　　　　　制作：滕希彬

获得奖项：*2010*年玉星奖优秀作品奖

作者以中国国粹——京剧为创作基源，刻画了将国粹发扬光大又具有民族气节的一代京剧大师梅兰芳。

作品构思极具独特性，作者将人物的手臂和笔运用了深浮雕，而人物的脸利用亚光处理方式，使得整件作品的动态极具唯美的神秘感（照片6-18）。

照片6-18　梅兰芳

### 6. 荷塘月色

玉料：墨绿玉　　　　　　　规格：*46cm×48cm*

设计：刘忠山　　　　　　　制作：滕希彬

获得奖项：*2010*年玉星奖优秀作品奖

作品以墨绿玉为材，玉质温厚明润，色泽极佳，作品整体温润典雅，荷塘景色与人物融为一体，画面动感丰富，国画形式的构图与亚光磨砂的月亮，更是整件作品的点睛之笔，体现了中国古典文化之美（照片6-19）。

照片6-19　荷塘月色

### 7. 春江花月夜

玉料：翠绿玉　　　　　　规格：*50cm×65cm*

作者：刘忠山、宋鹤

获得奖项：*2010*年玉星奖优秀作品奖

作品取材于《春江花月夜》，构思新颖，采用亚光处理方法，以虚实结合的表现手法，营造意境，刻画细节，人物动态在情境中极为传神，手持莲花包，神态自若，将宁静与跃动的结合完美诠释。作品展现了人们感受大自然美景的欣慰，表达出对人生短暂的伤感，但绝不是颓废与绝望，而是源于对人生的追求和热爱（照片6-20）。

照片6-20　春江花月夜

### 8. 船夜援琴

玉料：翠绿玉　　　　规格：50cm × 13cm

设计：刘忠山、李红伟　　制作：滕希彬

获得奖项：2010年天工奖优秀作品奖

作品突破传统题材，准确抓住玉质特性，彰显了美丽浓郁的中国风。作者利用亚光处理的云带呼应了古典的琴和灵动的花朵，角落的茶杯更是点睛之笔，突出了整体的静雅之美。整件作品体现了“七弦为益友，两耳是知音”的文化内涵（照片6-21）。

照片6-21　船夜援琴

### 9. 东方红

玉料：墨绿玉　　　　　　规格：65cm × 50cm

设计：刘忠山　　　　　　制作：滕希彬

获得奖项：2011年玉星奖优秀作品奖

作者以此作品敬献中国共产党建党90周年。作者利用传统题材，新的技法，创作出寓意着中国的东方红。作品以其豪迈磅礴的构图设计和雄伟壮阔的雕刻手法，展现了公鸡雄起气势和卓越的艺术感染力。作品在祝福祖国繁荣强大的同时，展现了在党的领导下中国人民艰苦卓绝，前仆后继，将革命推向前进的英雄气概。历史镜头，犹若定格；历史场面，犹若在目。这是艺术的经典，雕塑的永恒，展现出新中国拥有着强大的生命力（照片6-22）。

照片6-22　东方红

### 10. 仲夏之梦

玉料：云翠玉　　　　规格：*18cm × 25cm*

设计：刘忠山　　　　制作：滕希彬

获得奖项：2011年玉星奖优秀作品奖

作品以虚实结合的手法，刻画出一轮明月上的江南楼阁。玉雕整体犹如江南女子撑着古典式伞的背影，营造出了江南古典文化的意境。作品刻画出细节，人物的动态情境极为传神，将自然的宁静与人文的跃动完美诠释，并将江南古典色调表现得淋漓尽致，表现出大自然与人文文化完美结合的美景（照片6-23）。

照片6-23　仲夏之梦

# 主要参考文献

邴志波，时建民，李世波. 2006. 辽宁后仙峪蛇纹岩玉石地质特征及开发前景初探. 地质与资源，15(4): 286～289.

陈罘杲，刘旗，丁国斯，等. 2008. 远红外生物效应及其保健功能鞋的研究. 西部皮革，1(19): 56～59.

陈渭民. 2004. 雷电学原理. 北京：气象出版社，44.

陈正国，孙继文. 1992. 青海茫崖超镁铁岩蛇纹石化作用的氢氧同位素研究. 矿物岩石，12(4): 367～372.

丛众，吴瑞华，王时麒，等. 2011. 丹东绿玉石的宝石学特征研究. 岩石矿物学杂志，30（增刊）：126～132.

戴塔根，刘汉元. 1992. 微量元素地球化学及其应用. 长沙：中南工业大学出版社.

丁悌平. 1980. 氢氧同位素地球化学. 北京：地质出版社.

丁悌平，蒋少涌，万德芳，等. 1994. 硅同位素地球化学. 北京：地质出版社.

丁志刚. 2003. 辽宁省大石桥市后仙峪硼矿区成矿特征. 有色矿冶，19(6): 1～3.

范桂珍，王时麒，刘岩. 2011. 河北小寺沟蛇纹石玉的矿物成分和化学成分研究. 岩石矿物学杂志，30（增刊）：133～143.

冯本智. 1985. 辽东前震旦纪变质岩中硼矿床成因探讨. 化工地质，(1): 9～17.

冯本智，卢静文，邹日，等. 1998. 中国辽吉地区早元古代大型——超大型硼矿床的形成条件. 长春科技大学学报，28(1): 1～15.

冯本智，朱国林，董清水，等. 1995. 辽宁海城-大石桥超大菱镁矿矿床的地质特点及成因. 长春地质学院学报，25(2): 235～237.

冯本智，邹日. 1994. 辽宁营口后仙峪硼矿床特征及成因. 地学前缘，1(4): 235～237.

葛云龙，王时麒，于洸，等. 2011，甘肃省武山县鸳鸯玉的地球化学和宝石学特征. 岩石矿物学杂志，30（增刊），151～161.

耿乃光. 2008. 新砭石疗法. 北京：学苑出版社，9～28.

管登高，陈善华，唐科，等. 2006. 电气石微粉的研制及其在环境功能材料中的应用. 矿产综合利用，12：43.

韩吟文，马振东. 2003. 地球化学. 北京：地质出版社，46～47.

侯旭，吴瑞华，王时麒，等. 2011，泰山玉的矿物岩石学特征. 岩石矿物学杂志，30（增刊），169～174.

姜春潮. 1987. 辽吉东部前寒武纪地质. 沈阳：辽宁科学技术出版社

金宗哲. 2001. 环保保健材料的发展方向. 专题论坛，1：15.

金宗哲. 2006. 负离子与健康和环境. 室内环境与健康，(3): 85.

李昌年. 2002. 微量元素及其在岩石学中的应用. 武汉：武汉地质学院岩石教研室，31～36.

李守义. 1983. 从稀土配分论辽南硼矿地质. 长春地质学院学报（地球科学版），(1): 39～52.

李守义. 1983. 利用主要元素化学准则判别含硼岩系形成的构造环境.长春地质学院学报（地球科学版），(2): 71～82.
李雯雯，吴瑞华，董颖. 2009. 电气石红外光谱和红外辐射特性的研究. 高校地质学报，14(3): 426～432.
李学军，王丽娟，鲁安怀，等. 2003. 天然蛇纹石活性机理初探. 岩石矿物学杂志，22(4): 386～390.
辽宁省地质局第五勘探队. 1996. 辽宁省营口县后仙峪硼矿床最终勘探储量报告.
刘敬党. 1996. 辽东－吉南地区早元古代硼镁石型硼矿床地质特征及矿床成因. 化工矿产地质，18(3): 207～212.
刘敬党，肖荣阁，王文武，等. 2007. 辽宁硼矿区区域成矿模型. 北京：地质出版社.
卢玉楷. 2004. 简明放射性同为素应用手册. 上海：上海科学普及出版社.
南京大学地质系. 1979. 地球化学. 北京：科学出版社.
汤好书，陈衍景，武广. 2009. 辽宁后仙峪硼矿床氩－氩定年及其地质意义. 岩石学报，25(11): 2752～2762.
王长秋，王丽娟，鲁安怀. 2003. 纤蛇纹石在纳米材料及环境中的意义. 岩石矿物学杂志，22(4): 409～411.
王翠芝，肖荣阁，刘敬党. 2008. 辽东－吉南硼矿的控矿因素及成矿作用研究. 矿床地质，27(6): 727～692.
王翠芝，肖荣阁，刘敬党，等. 2006a. 辽宁营口后仙峪硼矿区超镁橄榄岩的控矿作用. 矿床地质，25(6): 683～692.
王翠芝，肖荣阁，刘敬党，等. 2006b. 辽宁营口后仙域超镁橄榄岩的地球化学特征及其对源区约束. 中国地质，33(6): 1246～1255.
王殿忠，敖丽娟，王奇. 1998. 营口东部区含硼蚀变岩带特征及找矿方向. 辽宁地质，15(4): 251～260.
王殿忠，敖丽娟，张海峰，等. 2000. 辽宁营口东部白硼矿床特征及找矿方向. 辽宁地质，17(4): 249～258.
王继梅，冀志江，王静，等. 2006.《材料负离子发生量得测试方法》建材行业标准介绍，新材料与新方法，3: 113.
王培君. 1980. 辽宁砖庙硼镁石矿床的成因问题. 化工地质，(2): 19～35.
王培君. 1996. 硼矿床含硼地层的二元结构模式. 化工矿产地质，18(3): 201～206.
王濮，潘兆橹，翁玲宝. 1987，系统矿物学，北京：地质出版社.
王生志，徐大地，张琦. 2003. 后仙峪硼矿区硼矿地质特征及其成因探讨. 地质与资源，12(4): 221～227.
王时麒，员雪梅，李世波. 2007a. 辽宁富铁蛇纹石玉的宝石学特征及开发利用. 宝石和宝石学杂志，9(4): 1～6.
王时麒，赵朝洪，于洸，等. 2007b. 中国岫岩玉. 北京：科学出版社.
王苏新． 2003. 麦饭石特性及作用分析. 江苏陶瓷，3: 1.
韦宇洪． 2006. 保健用途负离子功能材料的综合评价. 室内环境与健康,3: 88.
闻辂，梁婉雪，张正刚，等. 1989. 矿物红外光谱学. 重庆：重庆大学出版社.
肖荣阁，大井隆夫，费红彩，等. 2003. 辽东沉积变质硼矿床及硼同位素研究. 现代地质，17(2): 137～142.
谢先德，孙振亚，王辅亚，等． 2008. 泗滨砭石的岩石矿物研究：矿物组成特征与红外发射功能的关系. 矿物岩石地球化学通报，27(1): 6～12.
谢先德，王辅亚，谢楠柱，等． 2008. 泗滨砭石的岩石矿物研究：岩石化学和岩石结构特征与红外发射功能的关系. 矿物岩石地球化学通报，27(1)：1～5.
徐锡怀. 2007. 保健功能纺织品新天地. 江苏丝绸，4: 51.
薛建玲，许虹，高一鸣，等. 2006. 辽宁后仙峪硼矿床中电气石的矿物特征及其成岩成矿意义. 中国地质，33(6): 1386～1392.
杨如增，徐礼新，杨满珍，等． 2002. 黑色电气石矿物组成与红外辐射特性的关系. 上海地质，2002，(1): 61～64.
杨如增，徐礼新，廖宗廷． 2002. 黑色电气石红外辐射与晶格缺陷及粒径的关系. 同济大学学报，30(12): 1458～1461.
袁见齐，朱上庆，翟裕生. 1979. 矿床学. 北京：地质出版社.
袁星荣. 2006. 麦饭石——富含微量元素的健康药石. 世界元素医学，13(2): 45-48.
张春阳. 2009. 可用于保健的矿物质. 世界元素医学，9: 21.
张秋生. 1984. 中国早前寒武纪地质及成矿作用. 长春：吉林人民出版社.
翟裕生, 邓军, 彭润民. 2002. 古陆边缘成矿系统. 北京：地质出版社.
赵一鸣，林文蔚. 1990. 中国矽卡岩矿床. 北京：地质出版社.
中国科学院地质研究所. 1974. 东北内生硼矿床的矿物组成和矿床成因研究. 北京：地质出版社.
中国科学院贵阳地球化学研究所. 1977. 简明地球化学手册. 北京：科学出版社.
中华人民共和国国家质量监督检验检疫总局，中国国家标准化管理委员会. 2010. 建筑材料放射性核素限量(GB6566-2010). 北京：中国标准出版社.
朱继存. 2000. 蛇纹石的物质成分特征和利用. 石材，12: 33.
邹日，冯本智. 1993. 辽吉地区早元古代含硼建造中电英岩的特征及成因. 长春地质学院学报（地球科学版），23(4): 373～379.
邹日，冯本智. 1995. 营口后仙峪硼矿容矿火山——热水沉积岩系特征. 地球化学，24（增刊）：46～55.

Baschini M T, Pettinari G R,Vallés J M, et al. 2010. Suitability of natural sulphur-rich muds from Copahue (Argentina) for use assemisolid health care products. Applied Clay Science, 49(3): 205～212.

Bosa E, Paradisi C, Scorrano G. 2003. Positive and negative gas-phase ion chemistry of chlorofluorocarbons in air at atmospheric pressure. Rapid Communications in Mass Spectrumetry, 17(1): 1～8.

Carretero M I. 2002. Clay minerals and their beneficial effects upon human health. Applied Clay Science, 21(3-4): 155～163.

Frost R L, Kloprogge J T. 1999. Infrared emission spectroscopic study of brucite. Spectrochimica Acta Part A: Molecular and Biomolecular Spectroscopy, 1999, 55(11): 2195～2205.

Kreuger A P, Reed E J. 1976. Biological impact of small air ions. Science, 193(4259): 1209～1213.

Lu Yuanfa, Chen Yuchuan, Li Huaqing, et al. 2005. Metallogenic chronology of boron deposits in the eastern Liaoning Paleoproterozoic rift zone. Acta Geologica Sinica-English Edition, 79(3): 414～425.

Piotrowski. 2004. Study of negative ion emission from the tubular ionizers. Nuclear Instruments and Methods. 129: 410～413.

Viseras C, Aguzzi C, Cerezo P, López-Galindo A. 2007. Uses of clay minerals in semisolid health care and therapeutic products. Applied Clay Science, 36(1-3): 37～50.

Wenner D B, Taylor H P. 1971. Temperatures of serpentinization of ultramafic rocks based on $^{18}O/^{16}O$ fractionation between coexisting serpentine and magnetite. Contributions to Mineralogy and Petrology, 32(3): 165～185.

Wenner D B, Taylor H P. 1973. Oxygen and hydrogen isotope studies of the serpentinization of ultramaflc rocks in oceanic environments and continental complexes. American Journal of Science, 273: 207～239.

Whitney D L, Evans B W. 2010. Abbreviations for names of rock-forming minerals. American Mineralogist, 95(1):185～187.

Wu C C, Lee G W M. 2004. Oxidation of volatile organic compounds by nesative air ions. Atmospheric Env ironment, 38(37): 6287～6295.

Zhang Ying, Wen Dijiang. 2010. Effect of NE/Ni(RE=Sm, Gd, Eu) addition on the infared emission properties of Co-Zn ferrites with high emissivity. Materials Science and Engineering, 172(3): 331～335.

# 附1 本书使用的矿物代号

除特殊注明外，本书使用的矿物缩写代号如下：

| 矿物名称 | 缩写代码 |
| --- | --- |
| 水镁石 | Brc |
| 方解石 | Cal |
| 碳酸盐矿物 | Cbn |
| 绿泥石 | Chl |
| 斜硅镁石 | Chu |
| 白云石 | Dol |
| 硼镁铁矿 | Lud |
| 磁铁矿 | Mag |
| 菱镁矿 | Mgs |
| 橄榄石 | Ol |
| 金云母 | Phl |
| 黄铁矿 | Py |
| 石英 | Qz |
| 蛇纹石 | Srp |
| 滑石 | Tlc |

# 附2　辽宁营口大石桥玉佛洞内空气负离子和放射性测试数据

| 测试位置 | 测试条件 | | 负离子数目(个/cm³) | 放射性(μSv/h) | 备注 |
|---|---|---|---|---|---|
| | 温度(℃) | 湿度(%) | | | |
| 洞外（1）<br>北纬40° 25′<br>东经122° 54′ | 28 | 70 | 800～900 | 0.12 | 海拔469m |
| 洞外（2）<br>北纬40° 25′<br>东经122° 51′ | 28 | 70 | 800～900 | 0.11～0.13 | 海拔455m |
| 洞口<br>北纬40° 25′<br>东经122° 53′ | 25 | 51 | 20000～40000 | 0.12～0.13 | 海拔463m |
| 洞内第1块大玉体（重约660t） | 14 | 60 | 30000～60000 | 0.13～0.22 | |
| 洞内第2块大玉体（重约2000t） | 11 | 70 | 30000～50000 | 0.15～0.23 | |

测试时间：2012年7月6日上午9:30～12:00；空气负离子使用美国仪器AIR ION COUNTER 测试，放射性使用日本放射性测试仪REN-200测试；测试人：陈汴琨、张建平。

注：1. 洞内空气负离子数较高，相当于森林地区

2. 洞内放射性含量极微，远低于国家规定的标准